池塘养鱼实用技术

CHITANG YANGYU SHIYONG JISHU

黄 权 吴莉芳 于 斌 等主编

中国科学技术出版社

·北 京·

图书在版编目（CIP）数据

池塘养鱼实用技术 / 黄权，吴莉芳，于斌等主编 . —北京：
中国科学技术出版社，2019.1（2021.1 重印）

ISBN 978-7-5046-7924-6

Ⅰ.①池… Ⅱ.①黄… ②吴… ③于… Ⅲ.①池塘养鱼
Ⅳ.① S964.3

中国版本图书馆 CIP 数据核字（2018）第 105400 号

策划编辑	王绍昱	
责任编辑	王绍昱	
装帧设计	中文天地	
责任校对	焦　宁	
责任印制	徐　飞	

出　　版	中国科学技术出版社
发　　行	中国科学技术出版社有限公司发行部
地　　址	北京市海淀区中关村南大街16号
邮　　编	100081
发行电话	010-62173865
传　　真	010-62173081
网　　址	http://www.cspbooks.com.cn

开　　本	889mm×1194mm　1/32
字　　数	84千字
印　　张	4.625
版　　次	2019年1月第1版
印　　次	2021年1月第2次印刷
印　　刷	北京长宁印刷有限公司
书　　号	ISBN 978-7-5046-7924-6 / S·725
定　　价	20.00元

本书编委会

主　编

黄　权　吴莉芳

于　斌　王丽莉

参编者

黄　权　吴莉芳　于　斌　刘　革

齐科翀　杜晓燕　刘俊彦　王丽莉

黄金伟　王亚男　陈晓明　刘春力

亓晓艳　李秀涛　黄　福　王　义

李建顺　吕小婷　朱宏鹏　何衍林

Contents 目 录

第一章
池塘养鱼基础知识

一、水产养殖国家相关法律法规及政策

水产养殖从业者需要了解和掌握《中华人民共和国渔业法》和《中华人民共和国动物防疫法》，熟悉和遵守《水产养殖质量安全管理规定》等相关的法律法规，以及国家关于水产养殖的相关政策。

第一，鼓励发展健康养殖和生态养殖。

国家鼓励发展健康养殖，减少水产养殖病害发生；控制养殖用药，保证养殖水产品质量安全；推广生态养殖，保护养殖环境。依照有关规定可申请无公害农产品认证。健康养殖是指通过投放无疫病苗种，投喂配合饲料及人为控制养殖环境条件等技术措施，使养殖生物保持最适宜生长和发育的状态，实现减少病害发生，提高产品质量的一种养殖方式。生态养殖是指根据不同养殖生物间的共生互补原理，利用自然界物质循环系统，在一定的养殖空间和区域内，通过相应的技术和管理措施，使不同生物在同一环境中共同生长，实现生态平衡，提

高养殖效益的一种养殖方式。

第二，淡水养殖用水应符合水质标准。

国家淡水养殖水质标准对淡水养殖用水的感官指标、微生物指标、重金属和有机物含量的化学指标都做了相应规定。水产养殖用水应符合农业部《无公害食品淡水养殖用水水质》标准，禁止将不符合水质标准的水源用于水产养殖；定期监测养殖用水。养殖用水水源受到污染时，应立即停止使用；确需使用的应经过净化处理达到养殖用水水质标准；不符合养殖用水水质标准的，应当采取处理措施，达不到要求的应当停止养殖活动。

第三，养殖生产应科学规范符合标准。

养殖生产应科学确定养殖规模和养殖方式，符合国家有关养殖技术规范操作要求，使用的苗种应符合国家或地方质量标准。

第四，渔用饲料应符合饲料和饲料添加剂管理相关规定。

使用渔用饲料应符合《饲料和饲料添加剂管理条例》和《无公害食品渔用饲料安全限量》。鼓励使用配合饲料。限制直接投喂冰鲜（冻）饵料，防止残饵污染水质。禁止使用无产品质量标准、无质量检验合格证、无生产许可证和产品批准文号的饲料和饲料添加剂。禁止使用变质和过期饲料。

第五，养殖用药应符合兽药或渔药管理规定。

水产养殖用药应符合《兽药管理条例》和《无公害

食品渔药使用准则》。使用药物的养殖水产品在休药期内不得用于人类食品消费。禁止使用假劣兽药和农业部规定禁止使用的药品、其他化合物及生物制剂。原料药不得直接用于水产养殖。应当按照水产养殖用药使用说明书的要求或在水生生物病害防治人员的科学指导下用药。认真填写《水产用药记录》，记载病害发生情况，主要症状，用药名称、时间和剂量等内容。杜绝私自乱用药和违禁用药。

第六，坚持产地检验检疫制度，保障水生动物及其产品的质量和卫生安全。

《中华人民共和国动物检疫法》明确规定：动物检验检疫是指对动物及其产品实施产地检验检疫。动物的防疫包括动物疫病的预防、控制、扑灭和动物及其产品的检疫。动物检验检疫的目的是为了保障动物及其产品的质量，为社会提供卫生安全的动物及其产品，保障人们身体健康。禁止经营对于封锁疫区内与发生动物疫病有关的动物，易感染的动物，未检疫或检疫不合格的动物及其产品，染疫的动物及其产品，病死的或死因不明的动物及产品，不符合国家防疫规定的动物及其产品等。任何单位或个人发现患有疫病或者疑似疫病的水生动物，都应及时向当地动物防疫监督机构及水生动物行政主管部门报告。任何单位和个人不得瞒报、谎报、阻碍他人报告疫情。水生动物经检疫合格后由动物防疫监督机构出具检疫证明。检疫不合格的要做防疫消毒或其他无害化处理；无法无害化处理的，予以销毁。水生动物出县境以上凭检疫证明出售和运输。外购苗种或外卖水产品要注意产地检验检疫证明。

二、池塘养鱼的概念和生产过程

池塘养鱼就是利用鱼类及其相关科学知识，在池塘进行鱼类和其他水生动物养殖生产获得水产品的过程。池塘养鱼是淡水养殖类型之一。主要包括：人工繁殖、苗种培育、成鱼饲养三个过程。对于饲养户，主要是苗种培育和成鱼饲养两个过程。北方地区池塘养鱼还涉及越冬环节。本书主要讲述苗种培育、成鱼饲养、鱼类越冬三部分内容。

三、池塘养鱼的生产形式

从饲养方式看，池塘养鱼主要分为单养和混养。单养就是在同一池塘内仅饲养同一种相同规格的鱼类，大多用于流水养鱼、工厂化养鱼和苗种培育等类型。混养是根据鱼类对水体空间和池塘内饵料利用情况，针对不同鱼类之间的关系，在同一池塘内除了饲养一种主要的鱼类外，还同时饲养几种不同种类或同一种类不同规格的鱼类或鱼类与虾、蟹、鳖、蚌、蛙、鸭、鹅等混养。除了单养、混养外，还有综合养鱼模式，包括鱼－畜、鱼－禽、鱼－稻、鱼－农－牧等基本模式；在其基础上又形成多种综合经营模式，包括鱼－渔、渔－农、渔－

牧、渔－农－牧、基塘体系、多层次等多种综合经营模式。综合经营向多元化方向发展。运作模式向"公司＋农户＋基地＋市场"方向转变。"高产、优质、高效、健康、生态、安全、标准、智能"是池塘养鱼发展的主流。综合养鱼最基本的模式有4种。

1. 鱼－稻模式

鱼－稻模式也就是稻田养鱼，以水稻为主，兼顾养鱼或蟹，稻、鱼或蟹共生，达到水稻增产、鱼类丰收的目的。主要技术环节包括：加高田埂，开挖鱼沟和鱼溜，选好进出水口，选择放养种类和规格，确定放养密度和时间，注意稻田、鱼或蟹种消毒，注意水温差别，实时调节水位，注意施肥和施药，适当科学投饲，注意排水和水稻分蘖，定期防病和清除敌害等。

2. 鱼－畜模式

鱼－畜模式包括鱼－猪、鱼－牛、鱼－羊、鱼－兔等。以鱼－猪模式最为常见。主要技术环节包括：利用猪粪肥水养鱼，选择放养鱼类（鲢、鳙、罗非鱼为主，搭配鲤、草鱼、鲫等），注意日常管理等。

3. 鱼－禽模式

鱼－禽模式包括鱼－鸭、鱼－鹅、鱼－鸡等，以鱼－鸭模式为常见。主要技术环节包括：实行放牧式养鸭、塘外养鸭和围栏直接养鸭等形式，合理搭配鱼（鲢、鳙、草鱼、青鱼）和确定鸭密度，培肥池水，繁殖浮游生物，及时清除鸭棚粪便，换水增氧等。

4. 鱼－农－牧模式

鱼－农－牧模式是鱼－稻、鱼－畜、鱼－禽等相结合的综合模式，内容丰富，形式多样，是渔业、农业、牧业有机结合的综合种养模式。

四、池塘养鱼的特点

第一，选用生长快、适应性强、易饲养、肉味美、效益好的鱼类作为主要养殖鱼类。一般以杂食性、滤食性和草食性鱼类为主，如传统的鲤科鱼类。

第二，不同鱼类立体混养，充分利用鱼类的习性、水体空间及饵料，最大限度地利用池塘生产潜力。

第三，科学管理水质，形成池塘水体生态系统良性循环。养鱼池塘不仅是鱼类的生活环境和天然饵料的培育池，同时也是有机物氧化分解的场所，是养鱼塘、育饵塘和氧化塘合一。

第四，综合养鱼，提高经济效益。以渔业为主，渔、农、牧三业配套，形成多级、多层次的水陆复合生态系统，合理利用资源，提高了能量利用率。

五、池塘养鱼核心技术

1. "八字精养法"综合饲养技术

"八字精养法"是指"水、种、饵、密、混、轮、防、管"，是池塘养鱼的核心技术。

水——养鱼的池塘环境条件，包括水源的质量、面积、水深及其周围环境，要求深、宽、活、鲜。

种——数量充足，品种齐全，规格合适，体质健壮的优良品种，要求生产性能优良。

饵——充足和优质的饲料，包括池塘中的天然饵料，要求质量和数量。

密——密养，合理放养密度，充分利用空间。

混——混养，多品种混养，不同年龄、不同种类和不同规格鱼类混养。

轮——轮养，轮捕轮放，在饲养过程中保持较合理的饲养密度。

防——防病，防逃，防盗。

管——日常管理措施。

"水、种、饵"是养鱼的基础条件，为第一层次；"密、混、轮"是养鱼技术措施，为第二层次；"防、管"是养鱼的日常管理措施和保障，为第三层次。

2. "三看""四定""匀、足、好"投饲技术

"三看"是指看水、看天、看鱼投饲，具体是指看水质、看天气、看鱼活动和吃食情况投饲。

"四定"是指定质、定量、定位和定时；具体是指保证质量；保证投喂量；固定位置；固定时间投饲。

"匀、足、好"是指投饲数量和节奏均匀，投饲量充足，饲料质量好、营养价值高。匀，表示一年中应连续不断地投以足够数量的饲料和肥料。在正常情况下，前后2次投饲量应相差不大，以保证投饲既能满足池鱼摄食需要，又不过量而影响水质；足，表示投饲量应适当，在规定的时间范围内鱼能将饲料吃完，使鱼足而不饥、饱而不余（残留食物）；好，表示饲料的质量应是上乘的。投喂的饲料质量高、营养丰富，能被鱼类充分利用，排泄物和饲料残留量减少，有利于保持良好的水质。

3. 水质管理技术

肥，是指水中浮游生物多，有机物和营养盐丰富；活，是指水色经常变化，浮游植物优势种交替出现；嫩，是指水质新鲜未老化，保持清新；爽，是指水体透明度适中（25～40厘米），水中溶氧充足。通过加注新水，合理使用增氧机、微孔增氧设施、内循环设施、其他水质改良机械、水质改良剂、微生态制剂、底质改良剂，正确施肥等方法改善和控制水质，保持水质的"肥、活、嫩、爽"。

4. 人工繁殖技术

以"亲鱼选择 – 亲鱼培育 – 亲鱼催产 – 亲鱼配组 – 产卵受精 – 孵化出苗 – 苗种培育"为主线。由于亲鱼培育、催产、孵化等环节需要一定的设施设备和技术配套，学习掌握有一定难度。本书仅介绍苗种培育技术部分。

5. 北方地区鱼类越冬综合技术

鱼类越冬综合技术以"越冬前准备（越冬营养调控、鱼体体质准备、水质准备），越冬期管理（水质调节、溶氧管理、疾病预防、冰面清雪），越冬后期防病开饲（防治水霉病、竖鳞病，提早投喂）"为主线。

六、鱼类形态特征及分类

1. 鱼类形态特征

鱼类分头部、躯干部和尾部三部分。头部外部有口、鼻孔、眼、鳃、须等器官，内部有齿、舌、鳃耙。躯干部外部有鳞片、鳍，内部有肠、胃、肝、胆、鳔、肾、心脏等器官（图1-1）。体形分纺锤形、侧扁形、平扁形、圆筒形4种基本体形；此外还有特殊体形（带形、球形、方形、海马形、不对称形等）。鱼类体形和体色多种多样。

2. 鱼类的分类

池塘养殖鱼类主要以鲤形目、鲇形目、鲑形目、鲈

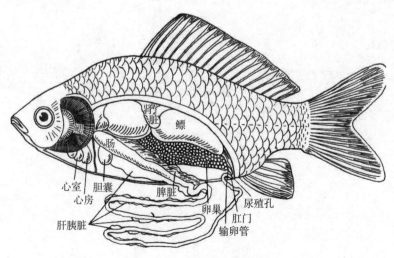

图1-1　鲫鱼的解剖图

形目、鲟形目等为主。养殖鱼类按食性分杂食性鱼类（鲤鱼、鲫鱼、泥鳅、鲮鱼、梭鱼、鲻鱼、黄鳝等），草食性鱼类（草鱼、团头鲂、鳊鱼等），肉食性鱼类（乌鳢、鳜鱼、鲈鱼、河鲀、石斑鱼等），滤食性（浮游生物食性）鱼类（鲢鱼、鳙鱼、罗非鱼、白鲫等）；按对温度的适应性可分为热带鱼类（罗非鱼、鲮鱼、黄鳝、胡子鲇、石斑鱼、短盖巨脂鲤等），温水鱼类（青鱼、草鱼、鲢鱼、鳙鱼、鲤鱼、鲫鱼、鳊鱼、鲂鱼、泥鳅、鲈鱼、梭鱼等），冷温鱼类（大眼狮鲈、大菱鲆、牙鲆等），冷水鱼类（鲑鳟鱼类、香鱼、多数银鱼等）。

第二章
池塘养鱼基本条件

一、池 塘

1. 池塘规格

以长方形为主，长宽比为（5～12）∶3，包括鱼苗池、鱼种池、成鱼池、亲鱼池和越冬池。一般占地面积为1～20亩（1亩≈667米²）。由于南北方养殖模式、养殖种类和养殖特点不同，池塘规格会有差异（表2-1）。

表2-1 不同类型池塘规格参考

类 型	面积（亩）	池深（米）	水深（米）	备 注
鱼苗池	1～4	1.5～2.0	1.0～1.5	兼作鱼种池
鱼种池	2～10	2.0～2.5	≥1.5	
成鱼池	5～15	2.5～3.5	1.0～1.5	
亲鱼池	4～6	2.5～3.5	1.0～1.15	靠近产卵池
越冬池	2～20	3.0～4.0	≥2.5	靠近水源

2. 池塘环境

以渔为主，合理规划，因地制宜，合理利用地形结构。有良好的交通、电力、通讯、供水等基础条件。底质以黏土和壤土为宜，保水力强。位置避风向阳，考虑洪涝、台风、冰雪、寒冷等因素。注排水方便。远离工厂和养殖场，防止污染。

二、水　源

1. 水面和水深

水量充足，水质良好，河水、水库水、湖水和地下水都可以作为水源。水面和水深见表2-1。

2. 水　质

养殖用水应符合《渔业水质标准》（GB 11607-89）规定。利用生物增氧（浮游植物、光合细菌、微生态制剂）、机械增氧（物理增氧、各种类型增氧机）、化学增氧（过碳酸钠等）、补水增氧（加注新水）、渔用复合肥等措施调整水质。

三、品　种

品种是池塘养鱼的基础和根本保证。池塘养殖鱼类要求具备良好的生产性能（生长快、适应性强、苗种易得、容易饲养等）和较高的经济效益、社会效益和生态效益。

（一）养殖品种的选择

确定养殖鱼类的种类时，应该依据的标准和考虑的条件有以下几个方面。

1. 整体效益较高

生产的整体效益包括养殖对象的经济效益、社会效益和生态效益。

（1）经济效益 生产出来的鱼产品是否有市场，即养殖鱼类的价格和销路，是选择养殖鱼类的首要依据。市场是渔业生产活动的起点和终点。只有根据市场需要，才能确定合适的养殖对象和养殖数量；同样，养成后的鱼产品只有通过市场，才能进行商品交换，体现出商品的使用价值。以市场为导向、以经济效益为中心已成为养殖的经营宗旨。因此，被选择的养殖对象必须是能产生较高经济效益的鱼类。

（2）社会效益 选择养殖对象除了要考虑肉味鲜美、营养价值高、群众喜欢食用外，还应考虑到随着生活水平的提高，人们对水产品品质的要求也越来越高，因此，必须增加"名、优、新、特"水产品的养殖种类和数量。此外，还要从广大群众利益出发，提供大量价廉、物美的"当家鱼"，做到产品鲜活、供应稳定、常年有鱼。因此，选择的养殖对象不仅要高产、优质，而且能均衡上市（如容易捕捞、运输不易死亡等）。

（3）生态效益 选择的养殖对象在生物学上要具有特性，如能充分利用自然资源、节约能源，循环利用废物，提高水体利用率和生产力，改善水环境等。每一种养殖对象具有上述一个或数个特性，即可进行综合，以加快水域物质循环和能量流动速度，保持水体在大负荷情况下，输入和输出的平衡及渔场的生态平衡。通过混养搭配、提供合适的饵料等措施，保持养殖水体的生态平衡，提高生态效益，促使养殖生产持续稳定发展。在总结传统的农、牧、渔业三结合的基础上，创造性地把养鱼、种植、畜牧、加工、流通等行业结合起来，形成水陆结合多元化的复合生态养鱼模式，统称生态渔业（又称综合养鱼）。它的特点是提高水域立体空间和生物能的利用率、太阳能和饲料的转化率、农副产品和废弃物的循环率；有利于水产资源的保护、开发和利用；有利于合理组织生产，降低成本，提高经济效益；大大增加水产品和其他动植物蛋白质的供应数量并做到均衡上市，成为以鱼为主的综合性副食品供应基地，获得显著的社会效益。由此可见，发展生态渔业，不仅使经济效益、社会效益、生态效益互相促进，密切联系，而且通过整体优化，达到了高产、优质、低耗、高效、无污染、多产品的目的，使池塘养殖业保持可持续发展，进一步发挥生产的整体效益。

2. 生产性能良好

不同种类的鱼类在相同的饲养条件下，其产量、产值有明显差异。这是由鱼类的生物学特性决定的。与生产有关的生物学特性即生产性能，是选择养殖鱼类的重要技术标准。作为养殖鱼类应具有下列生产性能。

第一，生长快。在较短时期内能达到食用规格。

第二，食物链短。在生态系统中，能量的流动是借助于食物链来实现的。在食物链上从一个营养级到下一个营养级不断逐级向前流动。食物链短，流失能量少，能量转化效率高，成本低；而食物链长，能量转化率低，成本高。

第三，食性或食谱范围广，饲料容易获得。如杂食性鱼类的罗非鱼、鲤、鲫，无论是动物性食物或植物性食物，还是有机碎屑（腐屑），都喜食。这些鱼类对饵料的要求低，因此，饵料来源丰富，成本低，这就为发展养殖开辟了广阔道路。而有些种类，如鳜鱼从鱼苗开始就只能以吞食活鱼苗为生，其他饵料，即使是死鱼，也是饿死不食，因此其养殖规模和范围就受到很大限制。

第四，苗种容易获得。鱼苗鱼种是发展养殖生产的基本条件，只有同时获得量多质好的各种养殖鱼类的苗种，才能充分发挥养殖技术，以及水质、鱼种和饵料的生产潜力，养鱼生产才能健康、稳步、持续地发展。

第五，对环境的适应性强。选择的鱼类对水温、溶氧（低氧）、盐度、酸碱度、肥水的适应能力强，对病害抵抗力强，不仅可以扩大在各类水体的养殖范围，而且为高密度混养、提高成活率创造了良好的条件。因此，一般抗逆、抗病率强的种类往往是良好的养殖鱼类。我国池塘淡水养殖种类以青、草、鲢、鳙、鲤、鲫、鲂、鳊、鲮鱼等种类最为普及，是我国劳动人民通过长期的养殖生产实践，对各种鱼类综合比较选择出来的，它们的生产性能均符合上述要求，因此渔民称其为家鱼。而其他鱼类（包括海水中的一些养殖对象）尽管生长比家鱼更快，肉味比家鱼更鲜美，但由于其生产性能在某些方面存在明显的缺陷，故统称为"名特优水产品"。

（二）主要养殖品种

1. 鲤形目鱼类

（1）**青鱼**　地方名称黑鲩、青鲩，体呈纺锤形，似草鱼，体色灰黑，特别是鳍灰黑色，温和肉食性。

（2）**草鱼**　地方名称鲩、草根，体呈纺锤形，体色土黄，特别是鳍土黄色，草食性。

（3）**鲢**　地方名称白鲢，体呈纺锤形，体色银白，以浮游植物为主，滤食性。

（4）**鳙**　地方名称花鲢、胖头鱼，体呈纺锤形，体色灰暗，以浮游动物为主，滤食性。

（5）**鲤**　地方名称鲤子、鲤拐子，体呈纺锤形，体色灰暗，杂食性。包括很多品种：建鲤、松蒲鲤、墨龙鲤、黄河鲤、兴国红鲤、荷包红鲤、瓯江彩鲤、芙蓉鲤、湘云鲤、颖鲤、丰鲤、荷元鲤、岳鲤、散鳞镜鲤、德国镜鲤、乌克兰鳞鲤等。

（6）**鲫**　地方名称鲫瓜子，体呈纺锤形，体色灰暗或银白，杂食性。包括很多种（亚种和品种）：银鲫、湘云鲫、异育银鲫、异育银鲫"中科三号"、彭泽鲫、松浦银鲫等。

（7）**团头鲂**　地方名称武昌鱼、团头鳊，体高侧扁，体色灰暗或银白，草食性。还有鲂、团头鲂"浦江一号"。

（8）**鳊** 地方名称草鳊、鳊花，体长侧扁，体色灰暗或银白，草食性。

（9）**鲴** 体呈纺锤形，口下位，下颌有角质缘，杂食刮食性。包括细鳞鲴、银鲴、黄尾鲴、圆吻鲴、扁圆吻鲴。

（10）**鲮** 地方名称土鲮，体呈纺锤形，口下位，下颌有角质缘，杂食刮食性。

（11）**短盖巨脂鲤** 又名淡水白鲳，体侧扁，银白色，杂食性。

（12）**鳅** 体呈圆筒形，有须，杂食性。常见的有泥鳅、花鳅、大鳞副泥鳅等。

（13）**鱥** 包括丁鱥和拉氏鱥（柳根）等小型鱼类。体纺锤形，杂食性。

2. 鲈形目鱼类

（1）**鳜** 地方名称桂鱼、桂花鱼、季花鱼、鳌花，体侧扁，有斑或斑点，肉食性。包括翘嘴鳜（鳜）、斑鳜、大眼鳜等。

（2）**鲈** 体呈纺锤形，以肉食为主的杂食性。主要有加州鲈和黄金鲈等。

（3）**丽鲷（罗非鱼）** 体呈纺锤形，似鲫和鲷，属热带鱼类，不耐低温，滤食性和杂食性为主。主要有尼罗罗非鱼、奥利亚罗非鱼、莫桑比克罗非鱼、齐氏罗非鱼、红罗非鱼、新吉富罗非鱼、全雄罗非鱼等。

（4）**鳢** 地方名称黑鱼、斑鱼、蛇头鱼，体呈圆筒形，体有斑，肉食性。包括乌鳢、斑鳢、月鳢、杂交鳢"杭鳢一号"。

3. 鲑形目鱼类

（1）**虹鳟** 体呈纺锤形，体正中纵向红色，有脂鳍，肉食性。包括道氏虹鳟和金鳟。

（2）**红点鲑** 体呈纺锤形，体上有红点或白点，有脂鳍，肉食性。包括花羔红点鲑、白斑红点鲑、美洲红点鲑等。

（3）**细鳞鱼** 体呈纺锤形，体上有斑点，鳞细小，有脂鳍，肉食性。

（4）**哲罗鱼** 地方名称大红鱼，体呈纺锤形，有脂鳍，肉食性。

（5）**狗鱼** 体呈圆筒形，头呈鸭嘴状，无脂鳍，肉食性。主要包括白斑狗鱼。

4. 鲇形目鱼类

（1）**鲇** 体呈纺锤形，体色呈黄绿色或灰黑，有须2～4对，鲇为肉食性，胡子鲇为底栖动物为主的杂食性。包括鲇、怀头鲇、大口鲇、革胡子鲇、蟾胡子鲇、斑点胡子鲇和杂交胡子鲇等。

（2）**黄颡鱼** 地方名称黄央丝、嘎牙子。体呈纺锤形，体色呈黄绿色或灰黑，有须4对，包括黄颡鱼、中间黄颡鱼、瓦氏黄颡鱼、光泽黄颡鱼和长须黄颡鱼等。

（3）**鮠** 体纺锤形，有须4对，肉食性，包括长吻鮠（江团）、乌苏里拟鲿（牛尾巴纲）等。

（4）**鮰** 体纺锤形，有须4对，肉食性，包括斑点叉尾鮰、云斑鮰等。

5. 鲟形目鱼类

鲟　体呈纺锤形，体上大多有骨板或无骨板，吻长或突出。匙吻鲟为滤食性，其他鲟为肉食性。主要有匙吻鲟、鳇、施氏鲟、杂交鲟、高首鲟等。

6. 合鳃目鱼类

黄鳝　体呈蛇形，鳍退化，肉食性。

四、饲　料

1. 饲料种类

按饲料形态分为粉状饲料、破碎饲料、颗粒饲料和微型饲料；按鱼类阶段分为鱼苗饲料、鱼种饲料、成鱼饲料、亲鱼饲料等；按鱼类不同生理状态分为生长期饲料、越冬期饲料、繁殖期饲料、防病期饲料等；按饲料在水中沉浮性分为浮性饲料、半浮性饲料、沉性饲料；按饲料营养成分分为配合饲料、浓缩饲料、添加剂预混合饲料；颗粒饲料按含水量与密度可分为硬颗粒饲料、软颗粒饲料、膨化颗粒饲料、微型颗粒饲料。

2. 饲料质量标准

要求无污染、无霉变、无结块，原料新鲜，产品适口，营养平衡。营养及卫生指标符合国家、行业标准。

3. 饲料营养素

饲料中主要营养物质有蛋白质、氨基酸、脂肪、糖类、维生素、矿物质。饲料中要求营养素丰富和平衡，

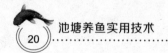

充分满足鱼类的生长和繁殖需要。

五、机械设备

1. 水质增氧机械设备

增氧机是向水体增加溶氧、搅水和曝气的机械设备。其工作原理是通过机器部件搅动水体，促进对流交换和界面更新或把水分散为细小雾滴，喷入气相，增加水－气接触面积，或通过负压吸气，使气体分散成微气泡溶入水中。主要功能为增氧、搅水、曝气。

增氧机类型：叶轮式增氧机、水车式增氧机、射流式增氧机、吸入式增氧机、涡流式增氧机、涌盆式增氧机、喷雾式增氧机、变频式增氧机、增氧泵、微孔增氧曝气装置、涌浪机、涡流机等。使用方法详见各厂家的说明书。

增氧机使用原则：根据不同天气、不同缺氧原因、不同养鱼情况、不同增氧机类型，合理使用增氧机。晴天中午开，阴天清晨开，连绵阴雨半夜开；傍晚不开，浮头早开，快速生长季节每天开；半夜开机时间长，中午开机时间短；天气炎热、负荷面积大，开机时间长；天气凉爽、负荷面积小，开机时间短。

2. 投食喂料机械设备

投饲机是利用机械、电子、自动控制等原理制成的饲料投喂设备。具有提高投食质量、节省时间、节省人力等优点。包括制作药饵的自动拌药机等。

3. 清淤改造机械设备

清淤机：用于池塘底部沉积物处理的机械设备。包括水泵（轴流泵、离心泵、潜水泵、管道泵等）、立式泥浆泵和水力挖塘机组等。

4. 水质检测设备

主要用于水质的日常监测，包括便携式水质检测设备和在线监控系统。可检测溶氧量、pH 值、温度、盐度、化学耗氧量等水质理化指标。

5. 起捕运输设备

包括网具（围网、拉网、刺网等）及附属设备、运输车辆等。

第三章
苗种培育和放养技术

一、鱼苗和鱼种阶段划分

鱼苗是指孵化后的仔鱼，鱼种是指供养成成鱼的幼鱼。鱼苗、鱼种的培育，就是从孵化后 3～4 天的鱼苗，养成供池塘、湖泊、水库、河沟等水体放养的鱼种。一般分鱼苗培育和鱼种培育两个阶段。

鱼苗培育：将初孵仔鱼经一段时间饲养，培育成 3 厘米左右的稚鱼。从鱼卵刚孵出的体长 5～9 毫米的仔鱼称为鱼苗或水花。一般鱼苗经 18～22 天培养，养成全长 3 厘米左右的稚鱼，此时正值夏季，通常称夏花鱼种（又称火片、寸片）。

鱼种培育：是将夏花鱼种经几个月或 1 年以上培育成 10～20 厘米的幼鱼过程。一般夏花再经 3～5 个月的饲养，养成全长 8～20 厘米的鱼种，此时正值冬季，通称冬花鱼种（又称冬片），北方鱼种秋季出塘称秋花鱼种（秋片），经越冬后称春花鱼种（春片）。

也有分三个阶段培育的：鱼苗经 10～15 天饲养，

养成全长 1.5～2.0 厘米的稚鱼，称为乌仔；乌仔再经过 10～15 天饲养，养成全长 3.0～5.0 厘米的夏花；再由夏花养成全长 10～20 厘米的鱼种。在南方地区将当年培育的 1 龄鱼种（冬花或秋花）通称为仔口鱼种；对仔口鱼种再养 1 年，养成 2 龄鱼种，然后到第三年再养成成鱼（食用鱼），通称为过池鱼种或老口鱼种。不同地区苗种培育阶段选择不同，应根据当地条件而定。

仔鱼期：主要特征是鱼苗身体具有鳍褶。该期又可分为仔鱼前期和仔鱼后期。仔鱼前期是鱼苗以卵黄为营养的时期，人工繁殖的鱼苗则是从卵膜中刚脱出到下塘前这一阶段，全长 0.5～0.9 厘米。仔鱼后期是鱼苗的卵黄囊消失，开始摄食，奇鳍褶分化为背、臀和尾三个部分并进一步分化为背鳍、臀鳍和尾鳍，此外腹鳍也出现。此阶段仔鱼全长 0.8～1.7 厘米。

稚鱼期：鳍褶完全消失，体侧开始出现鳞片以至全身被鳞，全长 1.7～7 厘米。乌仔、夏花和 7 厘米左右的鱼种属于稚鱼期。

幼鱼期：全身被鳞，侧线明显，胸鳍条末端分枝，体色和斑纹与成鱼相似。全长 7.5 厘米以上的鱼种属于幼鱼期。

成鱼期：性腺第一次成熟至衰老死亡属成鱼期。具体的年龄、规格因鱼的种类而异。

鱼苗和鱼种培育期正处于鱼类胚后发育的仔鱼期、稚鱼期和幼鱼期，是鱼类一生中生长发育最旺盛的时期。

二、鱼苗和鱼种质量鉴别

　　了解各种主要养殖鱼类的鱼苗形态特征和体质优劣，有助于生产者识别和选择优质鱼苗，为提高鱼苗培育的成活率打下良好的基础。

1. 鱼苗质量鉴别

　　鱼苗因受鱼卵质量和孵化过程中环境条件的影响，体质有强有弱，这对鱼苗的生长和成活带来很大影响。生产上可根据鱼苗的体色、游泳情况以及挣扎能力来鉴别其优劣（表3-1）。

表3-1　鱼苗质量优劣鉴别

鱼　苗	优质鱼苗	劣质鱼苗
体　色	群体色素相同，无白色死苗，鱼体清洁，略带微黄色或稍红	群体色素不一，为"花色苗"，有白色死苗，鱼体带污泥，体色发黑带灰
游泳情况	在容器内，将水搅动产生漩涡，鱼苗在漩涡边缘逆水游泳	在容器内，将水搅动产生漩涡，鱼苗大部分被卷入漩涡
抽样检查	在白瓷盆中，口吹水面，鱼苗逆水游泳。倒掉水后，鱼苗在盆底剧烈挣扎，头尾弯曲成圆圈状	在白瓷盆中，口吹水面，鱼苗顺水游泳。倒掉水后，鱼苗在盆底挣扎力弱，头尾仅能扭动

2. 夏花鱼种质量鉴别

　　夏花鱼种质量优劣可根据出塘规格大小、体色、活动情况以及体质强弱来判别（表 3-2）。

表 3-2　夏花鱼种质量优劣鉴别

鉴别方法	优质夏花	劣质夏花
出塘规格	同种鱼出塘规格整齐	同种鱼出塘个体大小不整齐
体　色	体色鲜艳有光泽	体色暗淡无光，变黑或变白
活动力	行动活泼，集群游动，抢食能力强，受惊吓后迅速下沉	行动迟缓，不集群，抢食能力弱，在水面漫游，受惊吓后不能迅速下沉
抽样检查	在白瓷盆中狂跳。身体肥壮，头小背厚，鳞片和鳍条完整，无异常现象	在白瓷盆中很少跳动，身体瘦弱，背薄，鳞片和鳍条残缺，有充血现象或异物附着

三、鱼苗生物学特性及生活习性

1. 食　性

　　刚孵出的鱼苗均以卵黄囊中的卵黄为营养。当鱼苗体内鳔充气后，鱼苗靠吸收卵黄和开始摄取外界食物为营养；当卵黄囊消失，鱼苗就完全依靠摄取外界食物为营养。此时鱼苗个体细小，全长仅 5～9 毫米，活动能力弱，其口径小，取食器官（如鳃耙、吻部等）尚待发育完全。因此，所有种类的鱼苗只能依靠吞食方式来获取食物，而且其食谱范围也十分狭窄，只能吞食一些小型浮游动物，主要食物是轮虫和桡足类的无节幼体。生产上通常将鱼苗此时摄食的饵（饲）料称为"开口饵

（饲）料"。

随着鱼苗的生长，其个体增大，口径增宽，游泳能力逐步增强，取食器官逐步发育完善，食性逐步转化，食谱范围也逐步扩大。鲢、鳙、鲤、草鱼、青鱼等鱼苗到鱼种的发育阶段，摄食方式的转化是鲢、鳙由吞食过渡到滤食；草鱼、青鱼、鲤则始终都是吞食，其食谱范围逐步扩大，食物个体增大。

2. 生　长

在鱼苗、鱼种阶段，鲢、鳙、草鱼、青鱼的生长速度很快。鱼苗到夏花阶段，它们的相对生长率最大，是生命周期的最高峰。在鱼种饲养阶段，鱼体的相对生长率较上一阶段有明显下降。

3. 分　布

鱼苗培育都在池塘等小水体中进行。初下塘时，各种鱼苗在池塘中大致是均匀分布的。当鱼苗长至 15 毫米左右时，由于各种鱼苗的食性开始转变，它们在池塘中的分布也随之而不同。鲢、鳙鱼逐渐离开池边，在池塘中间的中层活动，而草鱼、青鱼则逐渐转到中下层活动，并大多在沿池边浅水处觅食，因为在这个区域大型浮游动物和底栖动物较多。

4. 适　应

鱼苗体表无鳞片覆盖，整个身体裸露在水中，鱼体幼小、嫩弱。游泳能力差，对敌害生物（包括鱼、虾、蛙、水生昆虫、剑水蚤等）的抵抗能力弱，极易遭受敌害生物的残食。鱼苗对不良环境的适应能力差，对水环境的要求比成鱼严格，适应范围小。如鱼苗要求的 pH 值为 7.5～8.5，pH 值长期低于 6.5 和高于 9.0，都会不同程度地影响其生长和发育。鱼苗对盐度和温度的适应能力也比成鱼差，对温度的适应能力也很差。

综上所述，鱼苗具如下生物学特点：

第一，身体幼小（全长仅 7～9 毫米）、嫩弱，体表无鳞片，因此鱼苗对外界不良环境的适应能力以及对敌害生物的抵抗能力均很弱。

第二，口裂小，取食器官还没有完全形成。鱼苗的取食能力弱，食谱范围狭窄，对饲料的要求高，在一定发育时期内鱼苗摄食饲料的种类相同。一般在 15 毫米以下均以小型浮游动物为食。

第三，鱼苗的新陈代谢水平高，个体生长快。鱼苗在短短的 20 天内就长成 30 毫米左右的夏花鱼种。

第四，对水质要求高。主要养殖鱼类鱼苗（青鱼，草鱼，鲢，鳙，鲤）摄食和生长的适宜溶氧量在 5.0～6.0 毫克 / 升或更高，最低溶氧量应在 4 毫克 / 升以上；pH 值为 7.5～8.5；盐度在 0.3% 以下；总氨浓度小于 0.3 毫克 / 升。

四、鱼苗培育技术

鱼苗培育是将初孵仔鱼经一段时间饲养，培育成 3 厘米左右的稚鱼。从鱼卵刚孵出的体长 5～9 毫米的仔鱼称为鱼苗或水花。一般鱼苗经 18～22 天培养，养成全长 3 厘米左右的稚鱼，此时正值夏季，通常称夏花鱼种（又称火片、寸片）。所谓鱼苗培育，就是将鱼苗养成夏花鱼种。为提高夏花鱼种的成活率，根据鱼苗的生物学特征，务必采取以下措施：一是创造无敌害生物及水质良好的生活环境；二是保持数量多、质量好的适口饲（饵）料；三是培育出体质健壮、适合于高温运输的夏花鱼种。为此，需要用专门的鱼池进行精心、细致的培育。这种用于将鱼苗培育至夏花的鱼池在生产上称为"发塘池"。以静水土池塘鱼苗培育为例，现将培育方法和技术关键归纳如下：

（一）鱼苗池条件

鱼苗培育池应尽可能符合下列条件：

（1）交通便利，水源充足，水质良好，无污染，不含泥沙和有毒物质，排灌水方便。

（2）池形整齐，最好是东西向、长方形，其长宽比为 5∶3，以便于控制水质和日常管理。

（3）池埂坚固、不漏水，面积和水深适宜。面积 1～4 亩，水深 1～1.5 米。池底平坦，并向出水口一侧倾斜。淤泥适量，池底保持 10～15 厘米淤泥层，有利于保持池水肥度。

（4）鱼池避风向阳，光照充足，水温增高快，有利于有机物的分解和浮游生物的繁殖，鱼池溶氧丰富，饵料条件充足，有利于鱼苗生长。

（二）鱼苗池清整

根据鱼苗培育池所要求的条件，必须进行整塘和清塘。所谓整塘，就是将池水排干，清除过多淤泥；将塘底推平，并将塘泥敷贴在池壁上，使其平滑贴实；填好漏洞和裂缝，清除地底和池边杂草；将多余的塘泥清上地堤，为青饲料的种植提供肥料。所谓清塘，就是在池塘内施用药物，杀灭影响鱼苗生存、生长的各种生物，以保障鱼苗不受敌害、病害的侵袭。放鱼苗前必须先整塘，曝晒数日后，再用药物清塘。只有认真做好整塘工作，才能有效地发挥药物清塘的作用。

1. 整塘、清塘的优点

（1）**改善水质，增加肥度**　池塘淤泥过多，有机物耗氧量大，造成淤泥和下层水长期呈缺氧状态。在夏秋季节容易造成鱼类缺氧浮头，甚至泛池死亡。此外，有机物在缺氧条件下，产生大量的还原物质（如有机酸、硫化氢、氨等），使池水的 pH 值下降，并抑制鱼类生长。池塘排水后，清除过多淤泥，池底经阳光曝晒，改善了淤泥的通气条件，加速了有机物转化为无机营养盐，就改善了水质，增加了水的肥度。

（2）**增加放养量**　淤泥清除后，增加了池塘的容水量，相应地可增加鱼苗的放养量和鱼类的活动空间，有利于鱼苗生长。

（3）**保持水位，稳定生产**　清理池塘，修补堤埂，防止漏水，提高鱼池的抗灾能力和生产的稳定性。

（4）**杀灭敌害，减少鱼病**　通过整塘、清塘，可清除和杀灭野杂鱼类、底栖生物、水生植物、水生昆虫、致病菌和寄生虫孢子，提高鱼苗的成活率。

（5）**增加青饲料（或农作物）的肥料**　塘泥中有机物含量很高，是植物的优质有机肥料。将塘泥取出，作为鱼类青饲料或经济作物的肥料，变废为宝，有利于渔场生态平衡，可提高经济效益。

2. 常用清塘药物

（1）**生石灰清塘**　生石灰遇水就会生成强碱性的氢氧化钙，在短时间内使池水的 pH 值上升到 11 以上，因此可杀灭野杂鱼类、蛙卵、蝌蚪、水生昆虫、虾、蟹、蚂蟥、丝状藻类（水绵等）、寄生虫、致病菌以及一些根浅茎软的水生植物。此外，用生石灰清塘后，还可以保持池水 pH 值的稳定，使池水保持微碱性；并可以改良池塘土质，释放出被淤泥吸附的氮、磷、钾等营养盐类，增加水的肥度；而且生石灰中的钙本身是动植物不可缺少的营养元素，施用生石灰还能起施肥的作用。

使用生石灰清塘有两种方法：第一种是干法清塘，即将池水基本排干，池中留水 6～10 厘米。在塘底挖若干个小坑，将生石灰分别放入小坑中加水溶化，不待冷却即向池中均匀泼洒。生石灰用量，一般每亩池塘为 60～75 千克，淤泥较少的池塘 50～60 千克。清塘后第二天须用铁耙耙动塘泥，使石灰浆与淤泥充分混合。第二种方法是带水清塘，即不排出池水，将刚溶化的石灰浆全池泼洒。生石灰用量为每亩平均水深 1 米用 100～150 千克。生石灰清塘的技术关键是所采用的生石灰必须是块灰，即氧化钙；而粉灰是生石灰潮解后与空气中的二氧化碳结合形成的碳酸钙，不能用作清塘药物。生石灰清塘后，一般经 5～10 天后药效消失，pH 值稳定在 8.5 左右，试水后可放鱼苗。

（2）**漂白粉清塘** 漂白粉一般含有效氯 30% 左右，遇水分解释放出次氯酸。次氯酸立即释放出新生态氧，它有强烈的杀菌和杀死敌害生物的作用。其杀灭敌害生物的效果同生石灰。对于盐碱地鱼池，用漂白粉清塘不会增加池塘的碱性，因此往往以漂白粉代替生石灰作为清塘药物。

使用方法：先计算池水体积，每立方米池水用 20 克漂白粉，即 20 毫克/升。将漂白粉加水溶解后，立即全池泼洒。漂白粉加水后会放出初生态氧，挥发、腐蚀性强，并能与金属起化学反应，因此药液应使用非金属容器盛放。操作人员应戴口罩，在上风处泼洒药液，并防止衣服沾染而被腐蚀。此外，漂白粉全池泼洒后，需用船桨划动池水，使药物迅速在水中均匀分布，以加强清塘效果。

漂白粉受潮易分解失效，受阳光照射也会分解，故必须盛放在密闭塑料袋内或陶器内，存放于冷暗干燥处。目前市场上还有三氯异氰尿酸、二氧化氯等漂白粉类药物，可按说明书使用。漂白粉类药物清塘后药效消失较快，5～7 天后可放养鱼苗。

（三）鱼苗下塘时期

为了让鱼苗下塘后就能获得量多质好的适口饲料，必须在下塘前将池水培养好，为鱼苗提供最佳适口饲料。此乃提高鱼苗成活率的技术关键。

初下塘鱼苗的最佳饲料为轮虫和无节幼体等小型浮游动物。一般经多次养鱼的池塘，塘泥中贮存着大量的轮虫休眠卵。因此，在生产上当清塘后放水（放水20～30厘米）时，就必须用铁耙翻动塘泥，使轮虫休眠卵上浮或重新沉积于塘泥表层，促进轮虫休眠卵萌发。生产实践证明，放水时翻动塘泥，7天后池水中轮虫数量明显增加，并出现高峰期。表3-3为水温20～25℃时，用生石灰清塘后，鱼苗培育池水中生物的出现顺序。

表3-3　生石灰清塘后浮游生物变化模式 （未放养鱼苗）

项　目	清塘				
	1～3天	4～7天	7～10天	10～15天	15天后
pH值	>11	>9～10	9左右	<9	<9
浮游植物	开始出现	第一个高峰	被轮虫滤食，数量减少	被枝角类滤食，数量减少	第二个高峰
轮　虫	零星出现	迅速繁殖	高峰期	显著减少	少
枝角类	无	无	零星出现	高峰期	显著减少
桡足类	无	少量无节幼体	较多无节幼体	较多无节幼体	较多成体

　　从生物学角度看，鱼苗下塘时间应选择在清塘后7～10天，此时下塘正值轮虫高峰期。但生产上无法根据清塘日期来确定鱼苗适时下塘时间，加上依靠池塘天然培养的轮虫数量不多，每升池水仅250～1000个，在鱼苗下塘后2～3天内就会被鱼苗吃完。故在生产上均采用先清塘，然后根据鱼苗下塘时间施有机肥料，人为地制造轮虫高峰期。施有机肥料后，轮虫高峰期的生物量比天然生产力高4～10倍，每升池水达8000～10000个甚至更高，鱼苗下塘后轮虫高峰期可维持5～7天。为做到鱼苗在轮虫高峰期下塘，关键是掌握施肥的时间。如用腐熟发酵的粪肥，可在鱼苗下塘前5～7天（依水温而定），每亩全池泼洒粪肥150～300千克；如用绿肥堆肥或沤肥，可在鱼苗下塘前10～14天，每亩投放200～400千克。绿肥应堆放在池塘四角，浸没于水中，以促使其腐烂，并经常翻动。

　　如施肥过晚，池水轮虫数量尚少，鱼苗下塘后因缺乏大量适口饲料，必然生长不好；如施肥过早，轮虫高峰期已过，大型枝角类大量出现，鱼苗非但不能摄食，反而出现枝角类与鱼苗争溶氧、争空间、争饲料的情况，鱼苗因缺乏适口饲料而大大影响成活率。这种现象被群众称为"虫盖鱼"。发生这种现象时，应全地泼洒相应药物，将枝角类杀灭。为确保施有机肥料后，轮虫大量繁殖，在生产中往往先泼洒药物杀灭大型浮游动物，然后再施有机肥料。鱼苗下塘时还应注意以下事项：

　　第一，检查鱼苗是否能主动摄食。人工繁殖的鱼苗必须待鳔充气、能平游、能主动摄取外界食物时方可下塘。

第二，鱼苗下塘前后，每天用低倍显微镜观察池水轮虫的种类和数量。如发现水中有大量滤食性的臂尾轮虫等，说明此时正值轮虫高峰期；如发现水中有大量肉食性的晶囊轮虫，说明轮虫高峰期即将结束，需全池泼洒腐熟的有机肥料，一般每亩泼洒50～150千克。

第三，检查池中是否残留敌害生物。清塘后到放鱼苗前，鱼苗池中可能还有蛙卵、蝌蚪等敌害生物，必要时应采用鱼苗网拉网1～2次，予以清除。

（四）鱼苗接运

选购体质健壮、已能摄食的鱼苗作为运输对象（长途运输时，鱼苗只需达到鳔充气阶段，而团头鲂鱼苗长途运输只需鱼苗达到平游阶段即可）。运输前，鱼苗应在鱼苗网箱内囤养4～6小时，以锻炼鱼体。常用塑料鱼苗袋（70厘米×40厘米），加水8～9升（约为袋内容量的2/5），每袋装鱼苗15万尾，有效运输时间为10～15小时。若每袋装鱼苗10万尾，有效运输时间为24小时。运输用水要求清新、有机物含量少，充氧密封后放入纸箱中运输。鱼苗箱在运输途中，应防止风吹、日晒、雨淋。如遇低温（气温15℃以下），应采取保温措施。各运输环节必须环环紧扣，密切配合，做到"人等鱼苗、车（船）等鱼苗、池等鱼苗"，并及时处理好塑料袋的漏水、漏气等问题。

（五）鱼苗暂养及下塘

塑料袋充氧密闭运输的鱼苗，鱼体内往往含有较多的二氧化碳。特别是长途运输的鱼苗，血液中二氧化碳浓度很高，可使鱼苗处于麻醉甚至昏迷状态（肉眼观察，可见袋内鱼苗大多沉底打团）。如将这种鱼苗直接下塘，成活率极低。因此，凡是刚运输来的鱼苗，必须先放在鱼苗箱中暂养。暂养前，先将装鱼苗的塑料袋放入池内，当袋内外水温一致后（一般约需 15 分钟）再开袋放入池内的鱼苗箱中暂养。暂养时，应经常在箱外划动池水，以增加箱内水的溶氧。一般经 0.5～1.0 小时暂养，鱼苗血液中过多的二氧化碳均已排出，鱼苗集群在网箱内逆水游泳。

鱼苗经暂养后，需泼洒鸭（或鸡）蛋黄水。待鱼苗饱食后，肉眼可见鱼体内有一条白线时，方可下塘。鸭（鸡）蛋需在沸水中煮 1 小时以上，越老越好，以蛋白起泡者为佳。取蛋黄掰成数块，用双层纱布包裹后，在脸盆内漂洗（不能用手控出）出蛋黄水，淋洒于鱼苗箱内。一般 1 个鸭（鸡）蛋黄可供 10 万尾鱼苗摄食。

鱼苗下塘时，面临着适应新环境和尽快获得适口饲料两大问题。在下塘前投喂鸭（鸡）蛋黄，使鱼苗饱食后放养下塘，实际上是保证了仔鱼的第一次摄食，其目的是加强鱼苗下塘后的觅食能力和提高鱼苗对不良环境的适应能力。

必须强调的是，鱼苗下塘的安全水温不能低于 13.5℃。

如夜间水温较低，鱼苗到达目的地已是傍晚，应先放在室内容器中暂养（每50升水放鱼苗4万～5万尾），并保持水温在20℃。投1次鸭（鸡）蛋黄后，由专人值班，每小时换1次新水（水温必须相同），或充气增氧，以防鱼苗浮头。待第二天上午9时以后水温回升，再投1次鸭（鸡）蛋黄，并调节池塘水温温差后将鱼苗下塘。

（六）合理密养

合理密养可充分利用池塘，节约饲料、肥料和人力，但密度过大会影响鱼苗生长和成活。一般鱼苗养至夏花，每亩放养8万～15万尾。由鱼苗养成乌仔，每亩放养15万～20万尾；由乌仔养到夏花，每亩放养3万～5万尾。具体的放养数量随培育池的条件，饲料、肥料的质量，鱼苗的种类和饲养技术等有所变动。如池塘条件好、饲料肥料量多质好、饲养技术水平高，放养密度可偏大一些，否则就要小些。一般青鱼、草鱼苗密度偏稀，鲢鱼、鳙鱼苗可适当密一些。此外，提早繁殖的鱼苗，为培育大规格鱼种，其放养密度也应适当稀一些。

（七）精养细喂

精养细喂是提高鱼苗成活率的关键技术之一。由于选用饲料、肥料不同，饲养方法不一。现介绍两种方法。

1. 有机肥料与豆浆混合饲养法

根据鱼苗在不同发育阶段对饲料的不同要求，可将鱼苗的生长划分为4个阶段进行强化培育。

（1）**轮虫阶段** 此阶段为鱼苗下塘 1～5 天。经 5 天培养后，要求鱼苗全长从 7～9 毫米生长至 10～11 毫米。此期鱼苗主要以轮虫为食。为维持池内轮虫数量，鱼苗下塘当天就应泼豆浆（通常水温 20℃，黄豆浸泡 8～10 小时，两片子叶中间微凹的出浆率最高）。一般每 3 千克干黄豆可磨浆 50 千克。每天上午、中午、下午各泼 1 次，每次每亩池泼 15～17 千克豆浆（约需 1 千克干黄豆）。豆浆要泼得"细如雾、匀如雨"，全池泼洒，以延长豆浆颗粒在水中的悬浮时间。豆浆一部分供鱼苗摄食，一部分培养浮游动物。

（2）**水蚤阶段** 此阶段为鱼苗下塘后第 6～10 天。生长 10 天后，要求鱼苗全长从 10～11 毫米长至 16～18 毫米。此期鱼苗主要以水蚤等枝角类为食。每天需泼豆浆 2 次（上午 8～9 时，下午 1～2 时），每次每亩豆浆数量可增加到 30～40 千克。在此期间，选择晴天上午追施 1 次腐熟粪肥，每亩 10～150 千克（根据水体肥度决定），全池泼洒，以培养大型浮动物。

（3）**精饲料阶段** 此阶段为鱼苗下塘后的 11～15 天。生长 15 天后，要求鱼苗全长从 16～18 毫米长至 26～28 毫米。此期水中大型浮游动物已剩下不多，不能满足鱼苗生长需要，鱼苗的食性已发生明显转化，开始在池边浅水寻食。此时，应改喂豆饼糊或磨细的精饲料，每天每亩投喂量合干豆饼 15～20 千克。投喂时，应将精饲料堆放在离水面 20～30 厘米的浅滩处供鱼苗摄食。如果此阶段缺乏饲料，成群鱼苗会集中到池边寻食。随着时间延长，鱼苗则围绕池边成群狂游，驱赶不散，呈跑马状，故称"跑马病"。因此，这一阶段必须投以数量充足的精饲料，以满足鱼苗生长需要。此外，如饲养鲢、鳙鱼苗，还应追施1次有机肥料，施肥量和施肥方法同水蚤阶段。

（4）锻炼阶段 此阶段为鱼苗下塘16～20天。生长20天后，要求鱼苗全长从26～28毫米长至31～34毫米。此期鱼苗已达到夏花规格，需拉网锻炼，以适应高温季节出塘分养的需要。此时豆饼糊的数量需进一步增加，每天每亩的投喂量合干豆饼2.5～3.0千克。此外，池水也应加到最高水位。草鱼、团头鲂发塘池每天每万尾夏花投嫩鲜草10～15千克。用上述饲养方法，每养成1万尾夏花鱼种通常需黄豆3～6千克，豆饼2.5～3.0千克。

2. 大草饲养法

广东、广西地区多采用此法饲养鱼苗。所谓"大草"，原是指一些野生无毒、茎叶柔嫩的菊科和豆科植物，如今也泛指绿肥。鱼苗下塘前7～10天，每亩投放大草200～400千克，分别堆放于池边浸没于水中，腐烂后培养浮游生物。鱼苗下塘后，每隔5天左右投放大草作追肥，每次放150～200千克。如发现鱼苗生长缓慢，可增投精饲料，投喂方法同前法的精料阶段。用大草培育鱼苗的池塘，浮游生物量较丰富，但水质不够稳定，容易造成水中溶氧条件较差。因此，每次投大草的数量和间隔时间长短，要根据水质和天气情况灵活掌握。

（八）分期注水

1. 分期注水方法

鱼苗初下塘时，鱼体小，池塘水深应保持在 50～60 厘米。以后每隔 3～5 天注水 1 次，每次注水 10～20 厘米。培育期间共加水 3～4 次，最后加至最高水位。注水口须用密网拦阻，以防野杂鱼和其他敌害生物流入池内。同时应防止水流冲起池底淤泥，搅浑池水。

2. 分期注水的优点

（1）**水温提高快，促进鱼苗生长**　鱼苗下塘时保持浅水，水温提高快，可加速有机肥料的分解，有利于天然饲料生物的繁殖和鱼苗的生长。

（2）**节约饲料和肥料**　水浅池水体积小，豆浆和其他肥料的投放量相应减少，这就节约了饲料和肥料的用量。

（3）**控制水质**　可根据鱼苗的生长和池塘水质情况，适当添加一些新水，以提高水位和水的透明度，增加水中溶氧，改善水质和增加鱼的活动空间，促进浮游生物的繁殖和鱼体生长。

（九）日常管理

鱼苗池的日常管理工作必须建立严格的岗位责任制。日常管理要求每天巡塘 3 次，做到"三查"和"三勤"。即早上查鱼苗是否浮头，勤捞蛙卵，消灭有害昆虫及其幼虫；午后查鱼苗活动情况，勤除杂草；傍晚查鱼苗池水质、天气、水温、投饲施肥数量、注排水和鱼的活动情况等，勤做日常管理记录，安排好明天的投饲、施肥、加水等工作。此外，应经常检查有无鱼病，及时防治。

（十）拉网锻炼

鱼苗经 16～18 天饲养，长到 3 厘米左右，体重增加了几十倍乃至一百多倍，它就要求有更大的活动范围。同时鱼池的水质和营养条件已不能满足鱼种生长的要求，因此必须分塘稀养。其中有的鱼种还要运输到外单位甚至长途运输。但此时正值夏季，水温高，鱼种新陈代谢强，活动剧烈。而夏花鱼种体质又十分嫩弱，对缺氧等不良环境的适应能力差。为此，夏花鱼种在出塘分养前必须进行 2～3 次拉网锻炼。锻炼主要有以下作用：一是夏花经密集锻炼后，可促使鱼体组织中的水分含量下降，肉变得结实，体质较健壮，经得起分塘操作和运输途中的颠簸；二是使鱼种在密集过程中，增加鱼对缺氧的适应能力；三是促使鱼体分泌大量黏液和排出肠道内的粪便，减少运输途中鱼体黏液和粪便的排出量，从而有利于保持较好的运输水质，提高运输成活率；四是拉网可以除去敌害生物，统计收获夏花的数量。

1. 拉网锻炼所需的工具、网具

主要有夏花网、谷池、鱼筛等。这些工具、网具的好坏直接关系到鱼苗成活率和劳动生产率的高低，也体现了养鱼的技术水平。

（1）**夏花网**　用于夏花锻炼、出塘分养。网由上纲、下纲和网衣三部分组成。网长为鱼池宽度的1.5倍，网高为水深的2～3倍。拉网起网速度要缓慢，避免鱼体贴网而受伤。

（2）**谷池**　为一长方形网箱，用于夏花鱼种囤养锻炼、筛鱼清野和分养。网箱口呈长方形，箱高0.8米，宽0.8米，长5～9米。谷池的网箱网片同夏花网片，网箱四周有网绳。用时将10余根小竹竿插在池两侧（网箱四角的竹竿略微粗大），就地装网即成。

（3）**鱼筛**　用于分开不同大小、规格的鱼种，或将野杂鱼与家鱼分开。可分筛出不同体长的鱼种。

2. 拉网锻炼的方法

拉网锻炼要做到细致、轻快、不伤鱼。当鱼苗池的稚鱼处于锻炼阶段时，选择晴天，在上午9时左右拉网。第一次拉网，只需将夏花鱼种围集在网中，检查鱼的体质后，随即放回池内。第一次拉网，鱼体十分嫩弱，操作须特别小心，拉网赶鱼速度宜慢不宜快，在收拢网片时，需防止鱼种贴网。隔1天进行第二次拉网，将鱼种围集后，在谷池内轻轻划水，使鱼群逆水游入池内。鱼群进入谷池后，稍停，将鱼群逐渐赶集于谷池的一端，以便清除另一端网箱底部的粪便和污物，不让黏液和污物堵塞网孔。然后放入鱼筛，筛边紧贴谷池网片，筛口朝向鱼种，并在鱼筛外轻轻划水，使鱼种穿筛而过，将蝌蚪、野杂鱼等筛出。再清除余下一端箱底污物并清洗网箱。

经这样操作后，可保持谷池内水质清新，箱内外水流通畅，溶氧较高。鱼种约经 2 小时密集后放回池内。第二次拉网应尽可能将池内鱼种捕尽。因此，拉网后，应再重复拉一网，将剩余鱼种放入另一个较小的谷池内锻炼。第二次拉网后再隔 1 天，进行第三次拉网锻炼，操作同第二次拉网。如鱼种自养自用，第二次拉网锻炼后就可以分养。如需进行长途运输，第三次拉网后，将鱼种放入水质清新的池塘网箱中，经一夜"吊养"后方可装运。吊养时，夜间需有人看管，以防止发生缺氧死鱼事故。

夏花鱼种的出塘计数通常采用杯量法。量鱼杯选用 250 毫升的直筒杯，杯为锡、铝或塑料制成，杯底有若干个小孔，用于漏水。计数时，用夏花捞海捞取夏花鱼种迅速装满量鱼杯，立即倒入空网箱内。任意抽查一量鱼杯的夏花鱼种数量，根据倒入鱼种的总杯数和每杯鱼种数推算出全部夏花鱼种的总数。

五、鱼种培育技术

鱼种培育是将夏花鱼种经几个月或 1 年以上培育成 10～20 厘米的幼鱼过程。一般夏花再经 3～5 个月的饲养，养成全长 8～20 厘米的鱼种，此时正值冬季，通称冬花鱼种（又称冬片），北方鱼种秋季出塘称秋花鱼种（秋片），经越冬后称春花鱼种（春片）。鱼苗养成夏花时，体重倍数增加。鱼种培育需要将夏花再经过一段时间较精细的饲养管理，养成大规格和体质健壮的鱼种，才可供成鱼池塘、湖泊和水库等大水体放养之用。鱼种培育的目的是提高鱼种的成活率和培养大规格鱼种。在生产上大规格 1 龄鱼种有以下优点：

（1）大规格鱼种生长快，可缩短养殖周期，加速资金周转，提高经济效益。

（2）节省鱼池水面积。规格大的 1 龄草鱼、青鱼、团头鲂鱼种可直接套养在成鱼池中培养 2 龄鱼种；而小规格的鱼种如套养在成鱼池中，成活率很低（通常仅 20%～40%），只能采用 2 龄鱼种池进行专池培育。故有了大规格的 1 龄鱼种，就可以淘汰 2 龄鱼种池，增加成鱼池面积。

（3）鱼种成活率高。大规格鱼种丰满度高，体内脂肪贮存量多，其抗病力和抗寒力高，养殖和越冬过程中的死亡率低。特别是北方地区，鱼类需经历 150～190 天的越冬期。养殖鱼类在越冬期内通常很少摄食，维持鱼体代谢的热能主要依靠体内贮存的脂肪。个体小的鱼所贮存的脂肪少，越冬期间就容易死亡。由此可见，大规格鱼种体质健壮，成活率高，生长快，可为池塘养鱼大面积高产、优质、低耗、高效打下良好的基础。本书主要介绍室外土池池塘培育鱼种技术。

（一）鱼种池条件

鱼种池条件与鱼苗池相似，面积稍大，深度稍深些。

一般以面积2～10亩、水深1.5～2米为宜。其整塘、清塘方法同鱼苗培育池。

（二）施 基 肥

施基肥培养浮游生物。夏花阶段尽管鱼种的食性已开始分化，但对浮游动物均喜食，且生长迅速。因此，鱼种池在夏花下塘前10天左右应施有机肥料以培养浮游生物，是提高鱼种成活率的重要措施。一般每亩施200～400千克粪肥。以鲢、鳙为主体鱼的池塘，基肥应适当多一些，鱼种应控制在轮虫高峰期下塘；以青鱼、草鱼、团头鲂、鲤为主体鱼的池塘，应控制在枝角类（水蚤）高峰期下塘。此外，以草鱼、团头鲂为主体鱼的池塘还应在原池培养芜萍或小浮萍，作为鱼种的适口饲料。

（三）夏花放养

1. 混养搭配

夏花放养一般在6～7月份进行，南北方气候有差异，放养时间也不同。一般先放主体鱼，后放配养鱼，共混养2～4种鱼类。鱼苗阶段由于食性和生活习性相似，所以以单养为主；鱼种阶段由于各种鱼的活动水层、食性、生活习性已有明显差异，所以可以混养。混养可以充分利用池塘水体空间和天然饲料资源，发挥池塘的生产潜力。各种鱼适当搭配，就可以做到彼此互利，提高池塘利用率和鱼种成活率。混养原则如下：

（1）凡是与主体鱼（主养鱼）在饲料竞争中有矛盾的鱼种一概不混养。如鲢与鳙，在放养密度大、以投饲为主的情况下，它们之间在摄食上就发生矛盾。鲢行动敏捷，争食力强；而鳙则行动迟缓，争食力弱。如鲢、鳙混养，鳙可能因得不到充足的饲料而生长不良。因此，同一规格的鲢、鳙通常不混养。如要混养，只可在以鲢为主的池塘中搭配少量鳙（一般在20%以下）；即使鳙少吃投喂的饲料，也可依靠池中的天然饲料维持正常生长。而在以鳙为主的池塘中，则不可混养同一规格的鲢。即使混养少量鲢，也因抢食凶猛，有可能对鳙生长带来不良影响。草鱼与青鱼的关系和鲢、鳙的关系相似。鲤、鲫由于习性相近不宜混养。

一般在生产上多采用草鱼、鲢、鲤（或鲫）混养或青鱼、鲢、鲫（或鲤）混养，效果较好。

（2）主体鱼提前下塘，配养鱼推迟放养。采用此法可人为造成各类鱼种在规格上的差异，进一步提高主体鱼对饲料的争食能力，使主体鱼和配养鱼混养时，主体鱼具有明显的生长优势，保证主体鱼达到较大规格。利用同池主体鱼和配养鱼在规格上的差距来减少或缓和各鱼种之间的矛盾，增加鱼种混养的种类和数量，充分发挥鱼种池中水、种、饲的生产潜力，其出塘规格和总产量均有明显提高，既培养了大批大规格鱼种，又提高了鱼种池的总产量，增加了鱼种池对成鱼池鱼种的供应种类和数量。

（3）生产常用的混养搭配，一般为主体鱼占60%～

70%，其他鱼各占 10%～20%。先放主体鱼，后放配养鱼，共混养 2～4 种鱼类。

以青鱼种为主体鱼：青鱼占 60%，鲢占 20%，鳙占 10%，鲤或鲫占 10%。

以草鱼种为主体鱼：草鱼占 60%，鲢占 20%，鳙和鲤各占 10%。

以鲢鱼种为主体鱼：鲢占 60%，鳙、草鱼、鲤、鲫各占 10%。

以鳙鱼种为主体鱼：鳙占 60%～70%、草鱼、鲤、鲫总占 30%～40%。

以鲤鱼种为主体鱼：鲤占 60%，鲢占 20%，鳙和草鱼各占 10%。

2. 放养密度

夏花放养的密度主要依据成鱼水体所要求的放养规格而定。根据饲养成鱼水体的放养计划来制订夏花鱼种的放养收获计划。鱼种出塘规格大小主要根据主体鱼和配养鱼的放养密度、种类、夏花分塘时间早晚、池塘条件、饲料和肥料供应情况及饲养管理水平而定。同样的出塘规格，鲢、鳙的放养量可较草鱼、青鱼大些，鲢可比鳙多一些。池塘条件好，饲料肥料充足，养鱼技术水平高，配套设备较好，就可以增加放养量；反之则减少。一般每亩鱼种池放养夏花鱼种 1 万尾左右。具体放养密度根据各实际情况确定，表 3-4 仅供参考。

表3-4　江浙渔区夏花鱼种放养密度和出塘规格参照表

主体鱼	放养量 （尾/亩）	出塘 规格	配养 鱼	放养量 （尾/亩）	出塘 规格	放养总数 （尾/亩）
草鱼	2000	50～100克	鲢 鲤	1000 1000	100～125克 20～22克	4000
	5000	10～12厘米	鲢 鲤	2000 1000	50克 12～13克	8000
	8000	8～10厘米	鲢	3000	13～17厘米	11000
	10000	8～10厘米	鲢	5000	12～13厘米	15000
青鱼	3000	50～100克	鳙	2500	13～15厘米	5500
	6000	13厘米	鳙	800	125～150克	6800
	10000	10～12厘米	鳙	4000	12～13厘米	14000
鲢	5000	13～15厘米	草鱼 鳙	1500 500	50～100克 15～17厘米	7000
	10000	12～13厘米	团头 鲂	2000	10～12厘米	12000
	15000	10～12厘米	草鱼	5000	10～11厘米	20000
鳙	4000	13～15厘米	草鱼	2000	50～100克	6000
	8000	12～13厘米	草鱼	2000	13～17厘米	10000
	12000	10～12厘米	草鱼	2000	12～13厘米	14000
鲤	5000	10～12厘米	鳙 草鱼	4000 1000	12～13厘米 50～100克	10000
团头鲂	5000	10～12厘米	鳙	4000	12～13厘米	9000
	10000	10厘米	鳙	1000	13～15厘米	11000

（四）饲养方法

鱼种饲养过程中，由于采用的饲料、肥料不同，做到"足，匀，好"，形成不同的投饲和施肥饲养模式。

1. 以天然饲料为主、精饲料为辅的饲养方法

主要用于培育草鱼等植物食性鱼类鱼种。天然饲料除了浮游动物外，投喂草鱼的饲料主要有芜萍、小浮萍、紫背浮萍、苦草、轮叶黑藻等水生植物及幼嫩的禾本科植物；投喂青鱼的饲料主要有粉碎的螺蛳、蚬子以及蚕蛹等动物性饲料。精饲料主要有饼粕、米糠、豆渣、酒糟、麦类、玉米及商品饲料等。在鱼种阶段，其食性由幼鱼逐渐转为成鱼的食性，食谱范围由狭逐步转宽，对饲料的要求高。为此，在饲养过程中应坚持"以适口天然饲料为主、精饲料为辅，促长、促均匀"为原则。

（1）饲养原则

①以适口天然饲料为主，精饲料为辅 天然饲料符合1龄草鱼种在自然条件下的食性要求，鱼喜食，且新鲜、适口、营养价值全面，食量大。但是天然饲料的供应数量受季节、天气、种植（或培养）面积和采集水域等因素的限制，往往供不应求，而精饲料的优点是营养丰富、耐饥，用量少，来源不受天气、季节等方面的影响。所以当天然饲料供应不足时，必须及时采用精饲料加以补充。在鱼种越冬前，为提高鱼体肥满度和成活率，此时需增加精饲料数量，以提高体内含脂量，有利其安

全越冬。

②促长、促均匀　用最佳适口天然饲料促进鱼类生长，是1龄草鱼的培育原则之一。吞食性鱼类由于种的特异性和吃食不均匀，容易造成个体生长差异。经常轮捕，提大留小，在保持同池同种鱼类规格均匀的基础上才能做到鱼种吃足、吃匀、吃好，才能真正控制鱼类吃食量，提高鱼种成活率。在生产上不仅要重视青饲料的种植和原池天然饵料的培养，而且要根据鱼种生长，及时提大留小，降低鱼种的饲养密度。

（2）**饲养方法**　根据1龄草鱼的生长发育规律以及季节和饲养特点，采用分阶段强化投饲的方法，务求鱼种吃足、吃好、吃匀。可将培育过程分成4个阶段，即单养阶段、高温阶段、鱼病阶段和育肥阶段。

①单养阶段　此阶段鱼类密度小，水质清新，水温适宜，天然饲料充足、适口、质量好。必须充分利用这一有利条件，不失时机地加速草鱼生长，注意池内始终保持丰富的天然饲料，使草鱼能日夜摄食。另一方面要继续做好天然饲料的培育工作。在后期如天然饲料不足，可投紫背浮萍或轮叶黑藻，也可投切碎的嫩陆草或切碎的菜叶。

②高温阶段　该阶段水温高，夜间池水易缺氧，应注意天气。适当控制投食量，夜间不投食，加强水质管理。并设置食台，将粉状饲料加水调成糊状，做到随吃随调，少放勤放、勤观察。投饲时须先投草类，让草鱼吃饱，再投精饲料，供其他鱼种摄食。

③鱼病阶段　此阶段应保持饲料新鲜、适口，当天投饲，当天务必吃清，并加强鱼病防治和水质管理。

④育肥阶段　此阶段水温下降，鱼病季节已过，可投足饲料，日夜吃食，并施适量粪肥，以促进滤食性鱼类生长。

2. 以颗粒饲料为主的饲养方法

主要用于培育鲤等吃食性鱼类鱼种。以夏花鲤鱼为主体鱼，专池培养大规格鱼种的主要技术关键如下：

（1）投喂高质量的鲤鱼配合饲料　饲料的粗蛋白质含量要达到35%～39%，并添加蛋氨酸、赖氨酸、复合微量元素、复合维生素，微生态制剂等，加工成颗粒饲料。除夏花下塘前施一些有机肥料作基肥外，一般不再施肥。根据鱼种规格大小选择合适的饲料颗粒直径。一般粒径为1～5毫米。

（2）训练鲤鱼上浮集中吃食　驯食是颗粒饲料饲养鲤鱼的技术关键。其方法是在池边上风向阳处，向池内搭一跳板，作为固定的投饲点，夏花鲤鱼下塘第二天开始投喂。每次投喂前跳板上先敲铁桶，然后每隔10秒左右撒一小把饲料。无论吃食与否，如此坚持数天，每天投喂4次，一般在7天内能使鲤鱼集中上浮吃食。为了节约颗粒饲料，驯化时也可以用米糠、次面粉等漂浮饲料投饲。通过驯化，使鲤鱼形成上浮争食的条件反射，不仅能最大限度地减少颗粒饲料的散失，而且促使鲤鱼鱼种白天基本上在池水的上层活动，由于上层水温高，溶氧充足，能刺激鱼的食欲，提高饲料消化吸收能力，促进生长。

（3）**增加每天投饲次数，延长每次投饲时间** 夏花放养后，每天投饲2～4次，7月中旬后每天增加到4～5次，投饲时间集中在上午9时至下午4时。此时，水温和溶氧均高，鱼类摄食旺盛。每次投饲时间必须达20～30分钟，因此投饲应采用小把撒开，少量多次投喂。一般投到绝大部分鲤鱼吃饱游走为止。9月下旬后投喂次数可减少，10月份每天投1～2次。

（4）**根据鱼类生长，配备适口的颗粒饲料** 在驯化阶段用直径0.5～1毫米颗粒料或破碎料，以后根据鱼种规格大小调整为1.5～5毫米颗粒料。

（5）**根据水温和鱼体重量，及时调整投饲量** 每隔10天检查1次生长。可在喂食时，用网捞出数十尾鱼种，计数称重，求出平均尾重，然后计算出全池鱼种总重量。参照日投饲率就可以算出该池当天的投饲数量（表3-5）。

表3-5 鲤鱼鱼种的日投饲率 （投饲占鱼体重的%）

水温（℃）	体重（克）				
	1～5	5～10	10～30	30～50	50～100
15～20	4～7	3～6	2～4	2～3	1.5～2.5
20～25	6～8	5～7	4～6	3～5	2.5～4.0
25～30	8～10	7～9	6～8	5～7	4.0～5.0

（6）**投饲方法** 投饲方法坚持"四定"（即定时、定位、定质、定量）的投饲原则，提高投饲效果，降低饲

料系数。

定时：投饲必须定时进行，以养成鱼类按时吃食的习惯，提高饲料利用率；同时，选择溶氧较高的时间投饲，可以提高鱼的摄食量，有利于鱼类生长。鲤鱼是无胃、不断摄食的鱼类，因此少量多次投饲符合它的摄食习性。但投饲次数过多，生产上也较难做到。通常天然饲料每天投 1 次，精饲料每天上、下午各 1 次，颗粒饲料应当增加投饲次数。

定位：投饲必须有固定的位置，使鱼类集中于一定的地点吃食。这样不但可减少饲料浪费，还便于检查鱼的摄食情况，清除残饲和进行食场消毒，保证鱼类吃食卫生。投喂青饲料可用竹竿搭成三角形或方形框架，将草投在框内。投喂商品饲料可在水面以下 30～40 厘米处，用芦席或木盘（带有边框）搭成面积 1～2 米^2 的食台，将饲料投在食台上让鱼类摄食。通常每 3 000～4 000 尾鱼设食台 1 个。喂养鲤鱼时，不能将颗粒饲料投在池坡上。因鲤鱼善于挖掘，觅食时容易损坏池坡。

定质：饲料必须新鲜，不腐败变质。青饲料必须鲜嫩、无根、无泥、鱼喜食。配合饲料要求营养丰富平衡，具有诱食性，粒径大小合适，保证饲料的适口性。

定量：投饲应掌握适当的数量，不可过多或忽多忽少，使鱼类吃食均匀，以提高鱼类对饲料的消化吸收率，减少疾病，有利于生长。每天的投饲量应根据水温、天气、水质和鱼的吃食情况等灵活掌握。水温在 25～32℃的范围内，饲料可多投；水温过高或较低，则投饲量须减少。天气晴朗，可多投饲；天气不正常，引起水中溶氧不同程度的降低，应减少投饲甚至暂停投饲。水质较瘦，水中有机物耗氧量小，可多投饲。水质肥，有机物耗氧量大，应控制投饲量。及时检查鱼的吃食情况，是掌握下次投饲量的最重要方法。如投饲后鱼很快吃完，应适当增加投饲量；如较长时间吃不完，剩下饲料较多，则应减少投饲量。

3. 以施肥为主的饲养方法

主要用于培育鲢、鳙等滤食性鱼类鱼种。该法以施肥为主，适当辅以精饲料。通常适用于以饲养鲢、鳙为主的池塘。施肥方法和数量应掌握少量勤施的原则。因夏花放养后正值天气转热的季节，施肥时应特别注意水质的变化，不可施肥过多，以免遇天气变化而发生鱼池严重缺氧，造成死鱼事故。施粪肥可每天或每2～3天全池泼洒1次，数量根据天气、水质等情况灵活掌握。通常每次每亩施发酵好的粪肥100～200千克。养成1龄鱼种，每亩共需粪肥1500～1750千克，或每亩养猪1～5头。每万尾鱼种需用精饲料75千克左右。

（五）池塘管理

鱼种池的日常管理工作主要有以下几个方面：

（1）每日早晨、中午和下午分别巡塘1次，观察水色和鱼的动态。早晨如鱼类浮头过久，应及时注水解救。下午检查鱼类吃食情况，以便确定次日的投饲量。

（2）经常清除池边杂草和池中杂物，清洗食台并进行食台、食场消毒，以保持池塘卫生。

（3）适时注水，改善水质。通常每月注水2～3次。以草鱼为主体鱼的池塘更要勤注水。在饲养早期和后期每3～5天加1次水，每次加水5～10厘米；7～8月应每隔2天加1次水，每次加水5～10厘米；入伏后最好天天冲1次水，以保持水质清新。由于鱼池载鱼量高，必须配备增氧机，每千瓦负荷不大于1.5亩，并做到合理使用增氧机。

（4）定期检查鱼种生长情况。如发现生长缓慢，须加强投饲。如个体生长不均匀，应及时拉网，用鱼筛将个体大的鱼筛出分塘饲养。

（5）做好防洪、防逃和防治病害等工作。夏花鱼种出塘时，经2～3次拉网锻炼，鱼种易擦伤，鱼体往往寄生大量车轮虫等寄生虫。故在鱼种下塘前，必须采用药物浸浴。通常将鱼种放在15～20毫克/升的高锰酸钾溶液中浸浴15～20分钟，以保证下塘鱼种具有良好的体质。在7～9月高温季节，每隔20～30天用10～30毫克/升生石灰水（盐碱土鱼池忌用）全池泼洒，以提高池水的pH值，改善水质，防止鱼类患烂鳃病。此外，在汛期、台风季节，必须及时加固、加高池埂，保持排水沟、渠的通畅，做好防洪和防逃工作。

（6）做好日常管理的记录。鱼种池的日常是经常性的工作。为提高管理的科学性，必须做好放养、投饲施肥、加水、防病、收获等方面的记录和原始资料的分析、整理，并做到定期汇总和检查。

（六）并塘越冬

秋末冬初水温降至 10℃ 以下，鱼种已停止摄食，即可开始拉网、并塘，越冬。

1. 并塘目的

（1）鱼种按不同种类和规格进行分类归并，计数囤养，利于运输和放养。

（2）并塘后将鱼种围养在较深的池塘中安全越冬，便于冬季管理。

（3）全面了解当年鱼种生产情况，总结经验，提出下年度放养计划。

（4）空出鱼种池及时整塘清塘，为翌年生产做好准备。

2. 并塘注意事项

（1）并塘时应在水温 5～10℃ 的晴天拉网捕鱼、分类归并。水温过高，鱼类活动能力强，耗氧大，操作过程中鱼体容易受伤；而水温过低，特别是严冬和雪天不能并塘，否则鱼体因冻伤，造成鳞片脱落出血，易生水霉。

（2）拉网前鱼种应停食 3～5 天。拉网、捕鱼、选鱼、运输等工作应小心细致，避免鱼体受伤。

（3）选择背风向阳、面积 2～3 亩、水深 2 米以上的鱼池作为越冬池。通常规格为 10～13 厘米的鱼种每亩可囤养 5 万～6 万尾。规格较大鱼种，囤养密度相应降低。

3. 并塘管理

越冬池的水质应保持一定的肥度，并及时做好投饲、施肥（北方冰封的越冬池在越冬前通常施无机肥料，南方通常施有机肥料）工作。一般每周投饲1～2次，保证鱼种越冬的基本营养需求。

长江以北冬季冰封季节长，应采取增氧措施，防止鱼种缺氧。加注新水，防止渗漏。加注新水不仅可以增加溶氧，而且还可以提高水位，稳定水温，改善水质。此外，应加强越冬池的巡视。

（七）1 龄鱼种质量鉴别

1 龄鱼种的质量优劣可采用"四看、一抽样"的方法来鉴别：

1. 看出塘规格均匀度

同种鱼种，凡是出塘规格均匀一致，通常体质均较健壮。个体规格差距大，往往群体成活率低，其中那些个体小的鱼种体质消瘦。

2. 看 体 色

鱼种的体色反映体质优劣。优质鱼种的体色有以下特征：

（1）青鱼体色青灰带白。鱼体越健壮，体色越淡。

（2）草鱼鱼体淡金黄色，灰黑色网纹鳞片明显。鱼体越健壮，淡黄色越显著。

（3）鲢鱼背部银白色，两侧及腹部银白色。

（4）鳙鱼淡金黄色，鱼体黑色斑点不明显。鱼体越健壮，黑色斑点越不明显，金黄色越显著。

（5）体色较深或呈乌黑色的鱼种均是瘦鱼或病鱼。

3. 看体表黏液及光泽

健壮的鱼种体表有一薄层黏液，用以保护鳞片和皮肤，免受病菌侵入，故体表呈现一定光泽。而病弱受伤鱼种缺乏黏液或黏液过多，失去光泽。

4. 看鱼种游动情况

健壮的鱼种游动活泼，逆水性强，否则为劣质鱼种。

5. 抽样检查

选择同种规格相似的鱼称重，计算单位鱼种尾数，然后根据优质鱼种规格进行鉴别。

第四章
成鱼饲养技术

池塘养鱼是将鱼种养成成鱼（食用鱼）的过程。在养鱼过程中实行混养、密养、轮养，施肥投饵，调水增氧等措施，才能高产和稳产。我国的池塘养鱼业历史悠久，积累形成了一系列池塘养鱼高产技术。一般将鱼种（1龄鱼种体长8～17厘米或2龄鱼种体重250～750克）饲养1年或2年养成成鱼（鲢、鳙鱼每尾体重750克以上；草鱼每尾体重1 500克以上；青鱼每尾体重2 500克以上；团头鲂每尾体重250克以上；鲤鱼每尾体重500克以上；鲫鱼每尾体重100克以上；罗非鱼每尾体重100克以上）。

一、池塘环境

（一）池塘条件

1. 位　置

选择水源充足，水质良好，供电和交通方便的地方建造鱼池。既有利于鱼池的注排水，又方便鱼种、饲料和成鱼的运输。

2. 水源和水质

池塘水源以无污染的河水、湖水和水库水为好，这种水溶氧高，水质良好，适宜于鱼类生长。因此，鱼池最好靠近河边或湖边，以便于经常加注新水。井水可以作为养鱼水源，但其水温和溶氧均较低，使用前应经过曝气，以增加水温和溶氧。

3. 面　积

养殖成鱼的池塘面积应面积相对较大为宜。池塘面积大，鱼类活动范围广，池塘水面受风力的作用也较大，风力能增加溶解氧，同时可使表层和底层水能借风力作用不断地对流混合，改善下层水的溶氧条件。水体大，水质较为稳定，不容易突变。因此，渔谚有"宽水养大鱼"的说法。但面积过大，投饲不易，水质不易控制，管理操作不方便。因此，根据目前的饲养管理条件，一般认为 5～10 亩的成鱼池面积较为合适。

4. 水　深

饲养食用鱼的池塘需要有一定的水深和蓄水量，以便增加放养量，提高产量。池水较深，蓄水量较大，水质较稳定，对鱼类生长有利。但池水过深，下层水光照条件差，溶氧低，加之有机物分解又消耗大量氧气，容易造成下层水经常缺氧。因此，池水过深，对鱼类的生存和生长均有很大影响。实践证明，精养鱼池常年水位应保持在 2～2.5 米。

5. 土 质

大多数鱼池都是挖土建造的，饲养鲤科鱼类池塘的土质以壤土最好，沙质壤土和黏土次之，沙土最差。黏质土池容易板结，通气性差，沙质土池塘渗水性大，不能保水且容易崩塌。养鱼一两年后的鱼池，由于积存的淤泥覆盖了原来的池底，淤泥过多，则其中所含有机质分解转化要消耗大量氧气，易造成缺氧，尤其是池塘底层由于缺氧还会产生氨和硫化氢等有害物质，影响鱼类存活或生长。精养鱼池淤泥年积厚度达10厘米以上，故必须清除过多淤泥。淤泥是农作物的优质肥料，可结合冬季干塘，将淤泥泵至池埂，用作农作物的肥料，一举两得。但保留适度的淤泥（10～15厘米），对补充水中营养物质和保持池水肥沃（尤其以养鲢、鳙或鲮为主的池塘）有很大作用。

6. 池塘的形状与周围环境

鱼池以东西长、南北宽的长方形池为最好。这样池形的优点是池埂遮阴小，水面日照时间长，有利于浮游植物光合作用，并且夏季多东南风和西南风，水面容易起波浪。池水在动态中能自然增氧，可减少鱼类浮头。长方形池的长宽比以5∶3为最好。这种长方形不仅外形美观，而且有利于饲养管理和拉网操作，注水时也易造成池水的流转。池塘周围不应有高大的树木和房屋，以免阻挡阳光照射和风的吹动。

（二）池塘改造

池塘条件是获得高产、优质、高效的关键因素。高产稳产鱼池的要求是：①面积适中，一般养鱼水面以 10 亩左右为佳；②水较深，一般在 2.5 米左右；③有良好的水源和水质，注排水方便；④池形整齐，堤埂较高较宽，旱涝保收。池塘饲养管理方便，并有一定的青饲料种植面积。

改造池塘时应按上述标准要求，小池改大池；浅池改深池；死水改活水；低埂改高埂；狭埂改宽埂。如果是盐碱性池塘，需要采取引淡水排碱水，施有机肥或绿肥和种植青绿植物等措施进行改造。

（三）池塘清整

池塘经 1 年的养鱼后，底部沉积了大量淤泥（一般每年沉积 10 厘米左右），故应在干池捕鱼后，对池底淤泥进行清理。淤泥可用于加固堤埂或者直接做肥料。池塘清整后再用药物清塘（方法与鱼苗鱼种培育池的清塘相同）。清整好的池塘注入新水时应采用密网过滤，防止野杂鱼进入池内，待药效消失后，方可放入鱼种。

二、鱼种放养

鱼种是成鱼饲养获得高产的前提条件之一。优良的鱼种在饲养中生长快，成活率高。饲养上对鱼种的要求如下：数量充足，规格合适，种类齐全，体质健壮，无病无伤。

（一）鱼种规格

鱼种规格大小是根据成鱼池放养的要求所确定的。由于鱼类的生长性能及各地的气候条件和饲养方法不同，鱼类生长速度也不同，加之市场要求的成鱼上市规格不同，因此，各地对鱼种的放养规格也不同。一般是 1 龄鱼种体长 8～17 厘米或 2 龄鱼种体重 250～750 克。如果要求提早上市，可采取放养大规格鱼种及降低放养密度的措施。

（二）鱼种来源

池塘养鱼所需的鱼种的规格、数量和质量要求能得到保证。鱼种供应有以下途径：

1. 鱼种池专池培育

由鱼种池专池培育提供 1 龄鱼种。

2. 成鱼池套养

所谓套养就是同一种鱼类不同规格的鱼种同池混养。将同一种类不同规格（大、中、小三档或大、小两档）鱼种按比例混养在成鱼池中，经一段时间的饲养后，将达到食用规格的鱼捕出上市，并在年中补放小规格鱼种（如夏花），随着鱼类生长，各档规格鱼种供翌年成鱼池放养用。故这种饲养方式又称"接力式"饲养。

3. 外购鱼种

有些饲养户没有培养鱼种的条件，需要外购鱼种。

外购鱼种一定到有资质的水产良种场购买，鱼种要经过消毒和检疫。

（三）鱼种放养量的计算

计算鱼苗、鱼种的需求量不但要考虑当年成鱼池的放养量，还要为明年、后年成鱼池所需的鱼种做好准备。鱼苗、鱼种需求量可按下列公式计算：

该种鱼种放养量（尾）＝成鱼池中该种鱼类的产量／
该种鱼平均出塘规格×该种鱼的成活率

该种夏花鱼种放养量（尾）＝该种鱼种放养量（尾）／
该种鱼种成活率

该种鱼苗的需求量（尾）＝该种夏花鱼种放养量／
该种鱼苗成活率

对一些苗种生产不稳定、成活率和产量波动范围较大的鱼种（如草鱼、团头鲂等），都应按上述每个公式计算后，再增加25%的数量作为安全系数，列入鱼种生产计划。

根据各类鱼苗、鱼种总需要数量，按成鱼池所要求的放养规格以及当地主客观条件，制定出鱼苗、鱼种放养模式，再加上成鱼池套养数量，计算出鱼苗、鱼种池所需的面积。

（四）鱼种放养时间

提早放养鱼种是争取高产的措施之一。东北和华北地区可在解冻后，水温稳定在 5～6℃时放养。在水温较低的季节放养有以下好处：鱼的活动能力弱，容易捕捞；在捕捞和放养操作过程中，不易受伤，可减少饲养期间的发病和死亡率；提早放养也就可以早开食，延长鱼类的生长期。北方条件好的池塘已将春天放养改为秋天放养鱼种，鱼种成活率明显提高。鱼种放养必须在晴天进行，严寒、风雪天气不能放养，以免鱼种在捕捞和运输途中冻伤。

三、合理混养和密养

混养是多种鱼类、多种年龄、多种规格的高密度混养。混养是我国池塘养鱼的重要特点和提高池塘鱼产量的重要措施。混养包括不同饲养鱼类混养、同种不同龄鱼类混养和不同鱼类不同年龄混养。混养要求：混养鱼类能和平相处，适应水质和水温，生活水层和食性互补。

（一）混养的优点

混养是根据鱼类的生物学特点（栖息水层、摄食特点、生活习性等），充分运用它们相互有利的一面，尽可能地限制和缩小它们有矛盾的一面，让不同种类和同种异龄鱼类在同一空间和时间内一起生活和生长，从而发挥"水、种、饵"的生产潜力。混养的优点如下：

1. 充分利用池塘水体空间

主要养殖鱼类的栖息水层分为上层鱼、中下层鱼和底层鱼。鲢、鳙栖息在水体上层，草鱼、团头鲂喜欢在水体中下层活动，青鱼、鲤、鲫、鲮、罗非鱼等则栖息在水体底层。将生活于不同水层的鱼类混养在一起，可充分利用池塘的各个水层，同单养一种鱼类相比，增加了池塘单位面积放养量，提高了鱼产量。

2. 合理利用饵料

混养鱼类表现出种类多样性，生活空间多样性，其食性也呈多样性。水体中单养一种鱼类无法合理利用配合饲料和生物饵料。混养多种不同食性鱼类，避免饲料和饵料浪费，充分利用饵料资源，最大限度发挥池塘的生产潜力。

3. 发挥养殖鱼类之间的互利作用

混养能充分发挥鱼类间的互利关系，使水质稳定，有利于各种鱼的生长。混养可以使不同鱼类生活水体空间上中下层互补，也使滤食性鱼类、草食性鱼类、肉食性鱼类、杂食性鱼类之间食性互补。发挥鱼类之间的互利作用，因而能使各种鱼的产量均有所增产。青鱼、草鱼、鲤、鲂、鲫分别以贝类、草类和底栖动物等为食，被称为"吃食鱼"，吃食鱼的残饵和粪便形成腐屑食物链，可以为鲢、鳙提供了良好的饵料条件，又通过摄食腐屑和滤食浮游生物起到了防止水质过肥的作用，鲢、鳙被称为"肥水鱼"。吃食鱼和肥水鱼之间形成互利作用，促进了鱼类生长。渔谚中"一草养三鲢"，正说明这种混养的生物学意义。

4. 获得成鱼和鱼种双丰收

在成鱼池中混养各种规格的鱼种，既能取得成鱼高产，又能解决第二年放养大规格鱼种的需要。

5. 提高池塘的社会效益、经济效益和生态效益

通过混养，不仅提高了产量，降低了成本，而且在同一池塘中生产出各种食用鱼。特别是可以全年向市场提供活鱼，满足了消费者的不同要求，这对繁荣市场、稳定价格、提高经济效益有重大作用。池塘混养少量肉食性鱼类或凶猛鱼类可以抑制小型野杂鱼类的繁殖。不同鱼类混养也可以减少寄生虫疾病的发生。混养使水体空间、食物都发挥最大潜力。

（二）确定主养鱼类和配养鱼类

在池塘中进行多种鱼类按比例混养，有主养鱼类和配养鱼类之分。主养鱼又称主体鱼，就是主要饲养的鱼类，不仅在放养量（数量和重量）上占较大的比例，而且是饲养管理的主要对象。配养鱼是处于配角地位的鱼类，在数量和重量上较少，不投饵或少投饵，主要依靠投喂主养鱼的残余饲料、水中的有机腐屑以及天然饵料而生长。选择适当配养鱼可大幅度降低养鱼成本，增加产量。

确定主养鱼和配养鱼，应考虑以下因素：

1. 市场需求导向

根据地域习惯和市场行情对各种养殖鱼类的需求量、价格和供应时间，为市场提供适销对路的鱼类。

2. 池塘条件情况

池塘面积较大，水质肥沃，天然饵料丰富的池塘，可采用以鲢、鳙为主养鱼；新建的池塘，水质清瘦，可采用以草鱼、团头鲂为主养鱼；池水较深的塘，可以青鱼、鲤为主养鱼。

3. 饲料资源保障

草类资源丰富地区可考虑以草食性鱼类为主养鱼；螺、蚬类资源较多的地区可考虑以青鱼为主养鱼；精饲料充足的地区，可根据当地消费习惯，以鲤或鲫或青鱼为主养鱼；肥料容易解决的可考虑以滤食性鱼类（如鲢、鳙）或食腐屑性鱼类（如罗非鱼、鲮等）为主养鱼。

4. 鱼种来源情况

只有鱼种供应充足，而且价格适宜，才能作为养殖对象。沿海如鳗鲡、鲻、梭鱼鱼苗资源丰富，可考虑将它们作为主养鱼或配养鱼。如罗非鱼苗种供应充足，也可将罗非鱼作为主养鱼或配养鱼。配养鱼的选定主要看主养鱼类种类和上述条件确定。

（三）混养原则

尽管各种混养模式都是根据当地的具体条件而形成的，但它们仍有共同点和普遍规律。在确定放养模式时，应遵循以下原则：

（1）每一种混养模式均有 1～2 种鱼类为主养鱼，同时适当混养搭配一些其他鱼类。

（2）为充分利用饲料，提高池塘生产力和经济效益，非滤食性鱼类（吃食鱼）与滤食性鱼类（肥水鱼）之间要有合适的比例。在每亩净产 500～1 000 千克的情况下，前者与后者的比例以 4∶1 为宜。这也是目前推广和

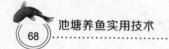

提倡的模式。

（3）鲢、鳙的净产量不会随非滤食性鱼类产量增加而同步上升，一般鲢、鳙的每亩净产为250～350千克，鲢、鳙之间的放养比例为（3～5）:1。

（4）一般上层鱼、中层鱼和底层鱼之间的比例以40%～45%、30%～35%、30%～25%为宜。

（5）采用"老口小规格、仔口大规格"的放养方式，可减少放养量，发挥鱼种的生产潜力，缩短养殖周期，增加鱼产量。

（6）鲤、鲫、团头鲂生产潜力很大，故在出塘规格允许的情况下，可相应增加放养尾数。

（7）同样的放养量，混养种类多（包括同种不同规格）比混养种类少的类型，其系统弹性强，缓冲力大，互补作用好，稳产高产的把握性更大。

（8）放养密度应根据当地饲料供应情况、池塘条件、鱼种条件、水质条件、渔机配套、轮捕轮放情况和管理措施而定。

（9）为使鱼类均衡上市，提高社会效益和经济效益，应配合足够数量的大规格鱼种，供年初放养和生长期轮捕轮放用，并适当提前轮捕季节和增加轮放次数，使池塘载鱼量始终保持在最佳状态。

（10）成鱼池套养鱼种是解决大规格鱼种的重要措施。套养鱼种的出塘规格应和其年初放养的规格相似，其数量应等于或稍大于年初该鱼种的放养量。

（四）混养模式

由于我国地域广阔，自然地理和气候条件、养殖对象、消费需求、饲料和肥料来源等有很大差别，各自形成了适合当地的混养类型。南北方可根据实际情况，气候温度条件，市场需求，经济效益等因素借鉴选择不同的养殖模式。

1. 以鲤为主养鱼的混养模式

东北、华北和西北地区的主要混养类型。鲤放养规格 50～150 克，主养鲤放养量占总放养量（100～160千克）的 50%～90%，搭配草鱼、鲢、鳙等，鲤上市规格 500 克左右，采取定时、定量、定位、定质投喂配合饲料，每亩净产量可达 500～1 000 千克左右（表4-1）。

表4-1 以鲤为主养鱼的混养模式 （辽宁宽甸）

鱼类	放养量（亩）			预计成活率（%）	收获量（亩）		
	规格（克）	数量（尾）	总质量（千克）		规格（千克）	毛产量（千克）	净产量（千克）
鲤	50～100	1200～1500	120	90	0.75 以上	825	705
草鱼	25～100	100～200	10	80	1 以上	140	130
鲫	25～50	100～200	5	90	0.25	35	30
鲢	100～150	150	15	95	1 以上	142	127
鳙	150～250	50	10	90	1.3 以上	58	48
合计		1600～2100	160			1200	1040

2. 以草鱼为主养鱼的混养模式

这是我国最普遍的混养类型。主要对草鱼（包括团头鲂）投喂草类，利用草鱼、鲂的粪便肥水，产生大量腐屑和浮游生物，促进鲢、鳙生长。由于青饲料较容易解决，成本较低。草鱼放养规格分为 10 克、50 克和 100～150 克，草鱼放养量占总放养量 60% 以上，搭配鲢、鳙、鲤、鲫、团头鲂、鳊等，上市草鱼规格 1.3～2.0 千克，鲢规格 1 千克，鲫规格 400 克以上（表 4-2）。此模式以商品配合饲料为主，饲养期间使用青绿饲料，实行轮捕轮放，捕大补小。

表 4-2　以草鱼为主养鱼的混养模式　（广东惠州）

鱼类	放养量（亩）			预计成活率（%）	收获量（亩）		
	规格（克）	数量（尾）	总质量（千克）		规格（千克）	毛产量（千克）	净产量（千克）
草鱼	100	1000	100	90	1.3	1170	1070
	250	300	75	90	1.3	351	276
鲫	5～10	300	75	90	0.5	127.5	124.5
鳙	100	60	6	85	1.5	76.5	70.5
	500	20	1	85	1.5	25.5	24.5
鲢	100	80	8	85	1.5	102	94
鳊	50	40	2	85	1.0	34	32
合计		1800	267			1886.5	1691.5

3. 以鲫为主养鱼的混养模式

此模式是华东、华中地区，特别是江苏的主养模式。鲫放养量占总放养量60%～80%，搭配草鱼，鲢、鳙等鱼类20%～40%（表4-3）。投料要求"短，快，宽"，及时捕大留小。

表4-3　以鲫为主养鱼的混养模式　（江苏兴化）

鱼类	放养量（亩）			预计成活率（%）	收获量（亩）		
	规格（克）	数量（尾）	总质量（千克）		规格（千克）	毛产量（千克）	净产量（千克）
鲫	80 25	500 1000	40 25	95 95	0.3 0.45	142.5 427.5	102.5 402.5
草鱼	100	50	5	80	2	80	75
鲢	100	100	10	95	1.5	142.5	132.5
鳙	150	40	6	98	1.7	66.6	60.6
鳊	25	100	2.5	90	0.6	54	51.5
黄颡鱼	10	100	1	70	0.1	7	6
合计		1890	89.5			920.1	830.6

4. 以青鱼或青鱼和草鱼为主养鱼的混养模式

此模式是江苏、江西、湖北等地的主养模式。以青鱼为主，投喂颗粒饲料，辅以喂螺、蚬类等天然饵料，搭配饲养鲫、鲢、鳙、鲂等鱼类。也可以青鱼和草鱼为主养对象（表4-4、表4-5）。

表 4-4　以青鱼为主养鱼的混养模式一 （江西，湖北）

鱼类	放养量（亩）			预计成活率（%）	收获量（亩）		
	规格（克）	数量（尾）	总质量（千克）		规格（千克）	毛产量（千克）	净产量（千克）
青鱼	20～50	120	9	80	1～1.5	125	116
	50～100	100	20	90	1.5～3	210	190
	1000～1200	80	100	90	4～5	338	238
鲢	50～150	300	30	90	1	270	240
鳙	100～250	40	10	90	1.5以上	55	45
鲫	50～100	200	30	95	0.5以上	140	110
鳊	50～100	300	23	85	0.5	75	104.5
黄颡鱼	12	200	2	50	0.1～0.25	20	18
合计		1340	224			1233	1061.5

表 4-5　以青鱼为主养鱼的混养模式二 （江苏）

鱼类	放养量（亩）			预计成活率（%）	收获量（亩）		
	规格（克）	数量（尾）	总质量（千克）		规格（千克）	毛产量（千克）	净产量（千克）
青鱼	25	180	4.5	50	0.2～0.5	35	
	250～500	90	35	90	1～1.5	100	355.5
	1000～1500	80	100	98	4～5	360	
鲢	50～150	200	15	90	1以上	200	185
鳙	100～250	50	4	90	1.5以上	50	46
鲫	50	500	25	90	0.25以上	140	110
	夏花	1000	1	50	50克		
团头鲂	25	80	2	85	0.35以上	26	24
草鱼	250	10	2.5	50	2	8	15.5
合计		2190	189			919	736

5. 以鲢、鳙为主养鱼的混养模式

该模式是湖南等地主养模式。以滤食性鱼类鲢、鳙为主养鱼，适当混养其他鱼类，特别重视混养食有机腐屑的鱼类。饲养过程中主要采取施有机肥料的方法。由于养殖周期短、有机肥来源方便，故成本低。鱼的比例偏低。目前该类型的优质鱼的放养量已有逐步增加的趋势。该混养类型的特点是鲢、鳙放养量占 70%～80%；以施有机肥料为饲养的主要措施；为改善水质，充分利用有机腐屑，也可投喂粉状饲料；实行鱼、畜、禽、农结合，开展综合养鱼。

表 4–6　**以鲢、鳙为主养鱼亩净产 600 千克混养模式**　（湖南衡阳）

鱼类	放养量（亩）			预计成活率（%）	收获量（亩）		
	规格（克）	数量（尾）	总质量（千克）		规格（千克）	毛产量（千克）	净产量（千克）
鲢	200	300	60	98	0.8	235	220
	50（5～8月）	350	17	90	0.2	62	
鳙	200	100	20	98	0.8	78	75
	50（5～8月）	120	6	95	0.2	23	
草鱼	160	50	8	80	1	40	32
团头鲂	60	50	3	90	0.35	16	13
鲤	50	30	1.5	90	0.8	21.5	20
鲫	25	200	5	90	0.25	45	40
银鲴	5	1000	5	90	0.1	80	75
罗非鱼	10	500	5	80	0.25	130	125
合计		2700	130.5			730.5	600

6. 以鲮、鳙为主养鱼的混养模式

珠江三角洲普遍采用此类型。以鲮和鳙为主养鱼，全年均衡上市。饲养过程中，投饲和施肥并重，养鱼和养蚕种桑或种甘蔗相结合。在鱼池堤埂或附近普遍种植桑树或甘蔗或花卉，即所谓的桑基鱼塘或蔗基鱼塘，是特色的综合经营形式。蚕粪可以养鱼肥水，塘泥是桑树、甘蔗或花卉的优质肥料；蚕蛹是鲤鱼的动物性饵料，甘蔗叶是草鱼的青饲料（表4-7）。

表4-7 以鲮、鳙为主养鱼亩净产750千克混养模式 （广东顺德）

鱼类	放养量（亩）			收获量（亩）		
	规格（克）	数量（尾）	总质量（千克）	规格（千克）	毛产量（千克）	净产量（千克）
鲮	50 25.5 15	800 800 800	48 24 12	0.125	360	276
鳙	500 100	40 40	40 12	1	200	148
鲢	50	60	6	1	60	54
草鱼	500 40	100 200	60 8	1.25 0.5	125 100	157
鲫	50	100	5	0.25	50	45
罗非鱼	2	500	1	0.25	51	50
鲤	50	20	1	1	21	20
合计		3460	217		967	750

（五）放养密度

水、种、饵（饲）是养鱼的基本条件，密、混、轮是养鱼的技术措施。合理密养和混养是池塘养鱼高产的技术措施。

合理的放养密度应根据池塘条件、养殖鱼类的种类与规格、饲料供应情况和管理措施等方面来考虑确定。确定放养密度的依据如下：

1. 池塘条件

有良好水源的池塘，放养密度可适当增加。较深的池塘放养密度可大于较浅的池塘。

2. 鱼种种类和规格

混养多种鱼类的池塘，放养量可大于单养一种鱼类或混养种类少的池塘。由于混养的各种鱼类食性和栖息习性不同，故可提高总的放养密度。

不同种类的鱼，其鱼种规格、生长速度和养成食用鱼的大小规格不一样，因此放养密度应各不相同。较大型的鱼（如青鱼、草鱼）相比小型的鱼（如鲮、鲫等），放养尾数应较少，而放养重量应较大，小型鱼类则相反。同一种类、不同规格鱼种的放养密度，与上述情况相同。

3. 饲养管理措施

饲料和肥料充足，管理精细，养鱼经验丰富，技术水平高，放养量可大一些；养鱼设备条件较好，如有增氧机和水泵等，也可增加放养量。如上述条件基本相同，在决定放养密度时，历年的不同放养量、产量、产品规格等是重要的参考依据。如果鱼生长良好、单位产量较高、饲料系数不高于一般水平、浮头次数不多，说明放养量是适合的。反之，表明放养过密，放养密度应做适当调整。当然若鱼产品规格过大，单位产量不高，表明放养过稀，也要调整放养密度。

四、轮捕轮放与套养鱼种

轮捕轮放是分期捕鱼和适当补放鱼种，即在密养的鱼塘中，根据鱼类生长情况，到一定时间捕出一部分达到商品规格的食用鱼，再适当补放一些鱼种，以提高池塘单位面积产量。轮捕轮放就是一次或多次放足，分期捕捞，捕大留小或取大补小。混养密放与轮捕轮放是互为条件的，混养密放是轮捕轮放的前提，而轮捕轮放能进一步发挥混养密放的增产作用。

（一）轮捕轮放条件

成鱼池采用轮捕轮放技术需要具备以下条件。

（1）年初放养数量充足的大规格鱼种。只有放养了大规格鱼种，才能在饲养中期达到上市规格，轮捕出塘。

（2）各类鱼种规格齐全，数量充足，符合轮捕轮放要求，同种规格鱼种大小均匀。

（3）同种不同规格的鱼种个体之间的差距要大，否则易造成两者生长的差异不明显，给轮捕选鱼造成困难。

（4）饲料、肥料充足，管理水平跟上，否则到了轮捕季节，因鱼种生长缓慢，尚未达到上市规格，生产上就会处于被动局面。

（5）提高捕捞网具网目规格，捕大留小。操作方便，拉网时间短，劳动生产率高。

（6）捕捞技术要正确、熟练、细致。

（二）轮捕轮放作用

（1）有利于成鱼均衡上市，提高经济效益。使养鱼前中后期都有成鱼出塘上市，做到四季有鱼，提高经济效益。

（2）有利于加速资金周转，减少流动资金数量。轮捕上市鱼的经济收入加速了资金的周转，降低了成本，为扩大再生产创造了条件。

（3）有利于鱼类生长，扩大水体空间。随着鱼体生长，采用轮捕轮放方法及时稀疏密度，使池塘鱼类容纳量始终保持在最大限度的容纳量以下。延长和扩大了池塘的饲养时间和空间，缓解或解决了密度过大对群体增长的限制，使鱼类在主要生长季节始终保持合适的密度，促进鱼类快速生长。

（4）有利于提高饲料、肥料的利用率。利用轮捕控制各种鱼类不同生长期的密度，以缓和不同鱼类之间（包括同种不同规格）在食性、生活习性和生存空间上的矛盾，使成鱼池混养的种类、规格和数量进一步增加，充分发挥池塘中"水、种、饵"的生产潜力。

（5）有利于培育量多质好的大规格鱼种，为稳产高效奠定基础。通过捕大留小，及时补放夏花和1龄鱼种，使套养在成鱼池的鱼种迅速生长，到年终即可培育成大规格鱼种。

（三）轮捕轮放方法

1. 捕大留小

放养不同规格或相同规格的鱼种，饲养一定时间后，分批捕出一部分达到食用规格的鱼类，较小的鱼留池继续饲养，不再补放鱼种。

2. 捕大补小

分批捕出成鱼后，同时补放鱼种或夏花。这种方法产量较上一种高。补放鱼种视规格的大小和生产的目的，或养成食用鱼，或养成大规格鱼种，供翌年放养。江苏无锡渔区的池塘采用年初放足、年中套养、多次轮捕的方法。一般采用2～3次轮放和2～4次轮捕。

3. 轮捕轮放技术要点

在天气炎热的夏秋季节捕鱼，渔民称为捕"热水鱼"。因水温高，鱼的活动能力强，捕捞较困难，加之鱼类耗氧量大，不能忍耐较长时间的密集，而捕在网内的鱼又大部分需回池，如在网内时间较长，很容易受伤或缺氧闷死。因此捕"热水鱼"是一项技术性较高的工作，要求操作细致、熟练、轻快。

捕捞时要在池水水温较低、溶氧较高时进行。一般多在下半夜、黎明捕鱼，以供应早市。如鱼有浮头征兆或正在浮头，则严禁拉网捕鱼。傍晚不能拉网，以免引起上下水层提早对流，加速池水溶氧消耗，容易造成池鱼浮头。

捕捞后，鱼体分泌大量黏液，同时池水浑浊，耗氧增加。因此必须立即加注新水或开动增氧机，使鱼有一段顶水时间，以冲洗过多黏液，增加溶氧，防止浮头。在白天捕热水鱼，一般加水或开增氧机2小时左右即可；在夜间捕热水鱼，加水或开动增氧机一般要待日出后才能停泵停机。

（四）套养鱼种

在成鱼池套养鱼种，是解决成鱼高产和大规格鱼种供应不足的一种较好的方法。套养是在轮捕轮放基础上发展起来的，它使成鱼池既能生产食用鱼，又能培养翌年放养的大规格鱼种。要做好套养鱼种工作：第一，切实抓好1龄鱼种的培育，培育出规格大的1龄鱼种，其中1龄草鱼种和青草种的全长必须达到13厘米以上，团头鲂鱼种全长必须达10厘米以上。第二，成鱼池年底出塘的鱼种数量应等于或略多于来年该成鱼池大规格鱼种的放养量。第三，必须保证成鱼池有80%的食用鱼上市。第四，要及时稀疏鱼类的饲养密度，使鱼类正常生长。第五，轮捕的网目要适当放大，避免小规格鱼种挂网受伤。第六，要加强饲养管理，对套养的鱼种在摄食方面应给予特殊照顾。比如增加适口饲料的供应量，开辟鱼种食场，先投颗粒饲料喂大鱼、后投粉状饲料饲喂小鱼等方法促进套养鱼种生长。

五、饲养管理

一切养鱼的物质条件的技术措施，最后都要通过池塘日常管理，才能发挥效能，获得高产。渔谚有"增产措施千条线，通过管理一根针"，是很形象和正确的说明。

（一）池塘管理基本要求

池塘养鱼是一项技术较复杂的生产活动。它涉及气象、饲料、水质、营养、鱼类个体和群体之间的变动情况等各方面的因素，这些因素又时刻变化、相互影响。因此，管理人员要全面了解养鱼的全过程和各种因素之间的联系，以便控制池塘生态环境，取得稳产高产。

在精养鱼池中，养鱼取得高产的全过程是不断解决水质（指水的物理化学条件）和饲料这对矛盾的过程。一方面要为鱼类创造一个良好的生活环境，另一方面又要使鱼类不断地得到量多质好的饲料。在高密度精养的鱼池中，在鱼类主要生长季节，大量投饲施肥后，带来的后果往往是水质过肥，甚至恶化，反过来限制了投饲施肥，又容易引起鱼类浮头泛池；如果不施肥、少投饲，则水质清淡，产量很低。由此可见，水质和饲肥是相互依赖、相互转化、对立统一的。因此，要提高鱼产量，在池塘管理中就必须抓住水质和饲肥这对主要矛盾，促使它们向有利的方面转化和发展。解决这对矛盾的经验是：水质应保持"肥、活、嫩、爽"，投饲施肥应保持"匀、好、足"。

实践证明，保持水质"肥、活、嫩、爽"，不仅鲢、鳙有丰富的浮游生物，而且青鱼、草鱼、鲤、鲂等鱼类在密养条件下也能良好生长，不易患病。目前生产上一是采用"四定"等措施保证投饲施肥的数量和次数，以"匀、好、足"来控制水质；二是采用合理使用增氧机与水质改良机，及时加注新水等措施来改善水质，使水质保持"肥、活、嫩、爽"。

（二）池塘施肥

池塘施肥是为了补充水中的营养盐类及有机物质，增加腐屑食物链和牧食链的数量，作为滤食性鱼类、杂食性鱼类以及草食性鱼类的饲料。池塘施肥有以下 2 种类型。

1. 施 基 肥

瘦水池塘或新开挖的池塘，池底缺少或无淤泥，水中有机物含量低，水质清瘦。为了改善底质，使之含有较多的营养物质，并不断地向池水中释放，以提高池水的生产力，必须施放基肥。基肥应在冬季干池清整后即可进行，使池塘注水养鱼后，能及时繁殖天然饲料。基肥通常均采用有机肥料。具体可将有机肥料施于池底或积水区的边缘，经日光曝晒数天，适当分解矿化后，翻动肥料。再曝晒数日，即可注水。基肥的施肥数量往往较大，一次施足。具体数量视池塘的肥瘦料的种类、浓度等而定。在池塘加水后施基肥，其主要作用是肥水而非肥底泥。可将有机肥料分为若干小堆置放于沿岸浅水区，隔数天翻动1次，使营养物质逐渐分解扩散。

肥水池塘和养鱼多年的池塘，池底淤泥较多，一般施基肥量少甚至不施。

2. 施 追 肥

为了陆续补充水中营养物质的消耗，使饲料生物始终保持较高水平，在鱼类生长期间需要追加肥料。施追肥应掌握及时、均匀和量少次多的原则。施肥量不宜过多，以防止水质突变。在鱼类主要生长季节，由于大量投饲，鱼类摄食量大，粪便、残饲多，池水有机物含量高，因此水中的有机氮肥高，此时不必施用耗氧量高的有机肥料，而应追施无机磷肥，以保持池水"肥、活、嫩、爽"。

3. 施肥方法

（1）以有机肥料为主、无机肥料为辅，"抓两头、带中间" 有机肥料除了直接作为腐屑食物链供鱼类摄食，还能培养大量的微生物和浮游生物作为鱼类的饲料，而且容易消化的浮游植物也往往在含有大量溶解有机物的水中生长繁殖。因此，有机肥料是培育优良水质的基础。但有机肥料耗氧量大，在高温季节容易恶化水质。所以在精养鱼池中，有机肥料以施基肥为主；作为追肥，也仅仅在水温较低的早春和晚秋应用。这就是渔民所说的以有机肥料为主，要"抓两头"的含义。在鱼类主要生长季节，水中有效氮随投饲量的增加而逐渐增长，因此没有必要再施含氮量高的无机氮肥或耗氧量大的有机氮肥；而此时水中有效磷却极度缺乏，因此必须及时施用无机磷肥，以增加水中有效磷的含量，调整有效氮和有效磷之间的比例，充分利用精养鱼池内丰富的有效氮，促进浮游植物生长，提高池塘生产力。这就是渔民所说的以无机肥料（磷肥）为辅，要"带中间"的含义。

（2）有机肥料必须发酵腐热 有机肥料腐熟后，除了能杀灭部分致病菌，有利于卫生和防病外，还可以使大部分有机物通过发酵分解成大量的中间产物，它们的耗氧以氧债形式存在。施追肥时，只要在晴天中午用全池泼洒的方法施肥，根据有机肥料中的中间产物在分解时具有暴发性耗氧的特点，此时就可以充分利用池水上层的超饱和氧气，及时偿还氧债。这样既可以加速有机肥料的氧化分解，又降低了有机物在夜间的耗氧量，夜间就不易因耗氧因子过多而影响鱼类生长。

（3）追肥要量少次多，少施勤施 在春秋季节，如采用有机肥料作追肥，应选择晴天，在良好的溶氧条件下，采用全池泼洒的方法，勤施少施，以避免池水耗氧量突然增加。

（4）巧施磷肥，以磷促氮 磷肥应先溶于水，待溶解后，在晴天中午全池均匀泼洒。泼洒浓度为过磷酸钙10毫克/升或其他渔用复合肥。通常在5～9月每隔半个月（主要视水质而定）泼洒（或喷洒）1次。泼洒后的当天不能搅动池水（包括拉网、加水、中午开动增氧机等），以延长水溶性磷肥在水中的悬浮时间，降低塘泥对磷的吸附和固定。通常施用磷肥3～5天后，池中浮游植物将产生高峰，生物量明显增加，氨氮含量下降，此时应根据水质管理的要求，适当加注新水，防止水色过浓。

上述池塘为精养鱼池，池水含有大量有效氮。如果是粗养鱼池或瘦水塘，池水有效氮和有效磷均很低，则无机氮肥和无机磷肥应同时施用。一般无机氮肥和磷肥的比例以1∶1为宜。

（三）投 饲

投喂量多质好的饲料，是养鱼高产、优质、高效的重要技术措施。

1. 投饲量的确定

（1）全年投饲计划和各月分配　为了有计划地生产，保证饲料及时供应，做到根据鱼类生长需要，均匀、适量地投喂饲料，必须在年初规划好全年的投饲计划。具体做法如下：

①计算1亩净产量　根据各成鱼池的放养量和规格，确定各种鱼类的净增肉倍数，根据净增肉倍数确定计划净产量。

②根据饲料系数或综合饲肥料系数计算出全年投饲量　例如，有一口10亩成鱼池，主养鲤鱼，每亩放养鲤80千克，计划净增重倍数为7，即每亩净产鲤为80×7＝

560 千克，全池净产鲤为 560 × 10＝5 600 千克。该池投喂鲤颗粒饲料，其饲料系数为 2。则全年该池计划投颗粒饲料量为 5 600 × 2＝11 200 千克。

对于以投天然饲料为主的鱼池，其饲料种类多，在生产中无法了解某种鱼对某一饲料的实际吃食量，加之饲料、肥料本身具有交叉效应，有些残饲经腐烂分解成为肥料，有些肥料也可直接作为饲料供某些鱼类摄食。如按习惯方法计算饲料系数，误差很大。为此，可改为从养殖总体出发，以每增长 1 千克鱼分别需要精饲料、草料和肥料的数量（即全年投放的精饲料、草料和肥料的总量分别除以鱼类总净产量）得出精饲料系数、草料系数和肥料系数。这三个系数统称为综合饲肥料系数。用综合饲肥料系数作为测算饲肥料需要量的依据，方法简单易行，可从整体上反映当地饲料、肥料的供应水平及对养鱼的影响。但由于各地的天气、饲养方法饲料的肥料的种类及组成不同，因此精饲料、草料和肥料系数差异较大。

③根据月投饲百分比制定每月计划投饲量　以天然饲料和精饲料为主的投喂方式，根据当地水温、季节、鱼类生长以及饲肥料供应等情况制定出各月饲料分配百分比。

如果以配合饲料为主的投喂方式，除了计算月投饲百分比外，还应根据水温和鱼类生长情况，制定每 5 天的投饲量（表4-8）。

表4-8 草鱼、团头鲂为主体鱼投颗粒饲料为主的
饲料分配百分比 （上海）（%）

月份	日期（天）						小计
	1～5	6～10	11～15	16～20	21～25	26～30	
4	0.15	0.19	0.26	0.32	0.42	0.56	1.90
5	0.68	0.78	0.91	1.02	1.13	1.20	5.72
6	1.32	1.38	1.51	1.61	1.68	1.82	9.32
7	1.94	2.00	2.16	2.28	2.45	2.53	13.36
8	2.71	2.85	3.05	3.12	3.33	3.48	18.54
9	3.70	3.85	3.99	4.26	4.40	4.42	24.62
10	4.41	4.23	3.99	3.56	2.89	2.37	21.45
11	2.32	1.56	1.22				5.10

尽管各地饲料种类、养殖方法、气候均有所不同，但在各月饲料分配比例均有其共同点：即在季节上采取"早开食、晚停食、抓中间、带两头"的分配方法，在鱼类主要生长季节投饲量占总投饲量的75%～85%。

在饲料种类上，草类饲料在春季数量多、质量较好，供应重点偏在鱼类生长季节的中前期。贝类饲料下半年产量高，加之此期青草、鲤鱼个体大，食谱范围广，供应重点偏在鱼类生长季节的中后期。精饲料重点也在中后期供应，以利鱼类保膘越冬。此外，在早春开食阶段，必须抓好饲料的质量。

（2）**每日投饲量的确定** 每日的实际投饲量主要根据水温水色变化、天气变化、鱼类吃食情况（即"三

看"）而定。

日投饲量＝池塘载鱼量（吃食鱼重量）×投饲率（％）

2. 投饲技术

在投饲技术上，应实行"四定"投饲原则，即：定质、定量、定时和定位。

为了降低饲料成本，充分发挥饲料的生产潜力，应坚持做到一年中连续不断在投喂足够数量的饲料。特别是在鱼类主要生长季节应坚持每天投饲，以保证鱼类吃食均匀。渔谚有"一天不吃，三天不长"或"一天不投，三天白投"的说法，形象地说明了时断时续的投饲对鱼类生长所带来的影响。因此，投饲必须坚持"匀"字当头、"匀"中求足、"匀"中求好（质量）的要求。

对于以配合饲料为主的鱼池，其投饲量比天然饵料少得多，吃食不易均匀。加上鲤科鱼类无胃，因此只有增加一天中的投饲次数，才能提高饲料的消化率和利用率。采用配合饲料的投喂次数和时间一般为4月份和11月份每天投2次（9时、14时）；5月份和10月份每天投喂3次（9时、12时、15时）；6～9月份则每天投喂4次（8时30分、11时、13时30分、15时30分）或6次。

（四）池塘日常管理基本内容

（1）经常巡视池塘，观察鱼类动态。每天早、中、晚巡塘3次。黎明是一天中溶氧最低的时候，要检查鱼类有无浮头现象。如发现浮头，须及时采取相应措施。午后 14～15 时是一天中水温最高的时候，应观察鱼的活动和吃食情况。傍晚巡塘主要检查全天吃食情况和有无残剩饲料，有无浮头预兆。酷暑季节，天气突变时，鱼类易发生严重浮头，还应在半夜前后巡塘，以便及时采取措施制止严重浮头，防止泛池事故。此外，巡塘时要注意观察鱼类有无离群独游或急剧游动、骚动不安等现象。在鱼类生活正常时，池塘水面如镜，一般不易见鱼。如发现鱼类活动异常，应查明原因，及时采取措施。巡塘时还要观察水色变化，及时采取改善水质的措施。

（2）做好鱼池清洁卫生工作。池内残草、污物应随时捞去，清除池边杂草，保持良好的池塘环境。如发现死鱼，应及时捞出，并检查死亡原因。死鱼不能乱丢，以免病原扩散。

（3）根据天气、水温、水质、鱼类生长和吃食情况确定投饲、施肥的种类和数量，并及时做好鱼病防治工作。

（4）掌握好池水的注排，保持适当的水位，做好防旱、防涝、防逃工作。

（5）做好全年饲料、肥料需求量的测算和分配工作。

（6）种好池边（或饲料地）的青饲料。选择合适的青饲料品种，做到轮作、套种，搞好茬口安排，及时播种、施肥和收割，提高青饲料的质量和产量。

（7）合理使用渔业机械设备，并做好维修保养，注意用电安全。

（8）做好池塘管理记录和统计分析。每口鱼池都有养鱼日记，对各类鱼种的放养及每次成鱼的收获日期、尾数、规格、重量，每天投饲、施肥的种类和数量以及水质管理和病害防治等情况，都应有相应的表格记录在案，以便统计分析，及时调整养殖措施，并为以后制定生产计划、改进养殖方法打下扎实的基础。

（五）池塘水质管理

1. 及时加注新水

经常及时地加水是培育和控制优良水质必不可少的措施。对精养鱼池而言，加水有4个作用：

（1）**增加水深**　增加了鱼类的活动空间，相对降低了鱼类的密度。池塘蓄水量增大，也稳定了水质。

（2）**增加池水的透明度**　加水后，使池塘水色变浅，透明度增大，使光透入水的深度增加，浮游植物光合作用水层（造氧水层）增大，整个池水溶氧增加。

（3）**降低藻类（特别是蓝藻、绿藻类）分泌的物质**　该物质可抑制其他藻类生长。经常加注新水稀释有利于鱼类易消化的藻类生长繁殖。在生产上，老水型的水质往往在下大雷雨以后水质转为肥水，就是这个道理。

（4）**直接增加水中溶氧**　使池水垂直、水平流转，解救或减轻鱼类浮头并增进食欲。

由此可见，加水有增氧机所不能取代的作用。在配置增氧机的鱼池中，仍应经常、及时地加注新水，以保持水质稳定。此外，在夏秋高温季节，加水时间应选择晴天，在 14～15 时以前进行。傍晚禁止加水，以免造成上下水层提前对流，而引起鱼类浮头。

2. 防止鱼类浮头和泛池

精养鱼池由于池水有机物多，故耗氧量大。当水中溶氧量降低到一定程度（一般 1 毫克/升左右），鱼类就会因水中缺氧而浮到水面，将空气和水一起吞入口内，这种现象称为"浮头"，浮头是鱼类对水中缺氧所采取的应急措施。吞入口内的空气在鱼鳃内分散很多小气泡，这些小气泡中的氧气便溶于鳃腔内的水中，使其溶氧相对增加，有助于鱼类的呼吸。因此浮头是鱼类缺氧的标志。随着时间的延长，水中溶氧进一步下降，靠浮头也不能提供最低氧气的需要，鱼类就会窒息死亡。大批鱼类因缺氧而窒息死亡，就称为泛池。泛池往往给养鱼者带来毁灭性的打击。俗话说："养鱼有二怕，一怕鱼病死，二怕鱼泛池。"而且泛池的突发性比鱼病严重得多，危害更大。

（1）鱼类浮头的原因

①上下水层水温差产生急剧对流　炎夏晴天，精养鱼池水质浓，白天上下层溶氧差很大，至午后，上层水产生大量氧盈，下层水产生很多氧债，由于水的热阻力，上下水层不易对流。傍晚以后，如下雷阵雨，或刮大风，致使表层水温急剧下降，产生密度流，使上下水层急剧对流，上层溶氧较高的水迅速对流至下层，很快被下层水中的有机物所耗净，偿还氧债，致使整个池塘的溶氧迅速下降，造成缺氧浮头。

②光合作用弱　夏季如遇连绵阴雨或大雾，光照条件差，浮游植物光合作用强度弱，水中溶氧的补给少，而池中各种生物呼吸和有机物质分解都不断地消耗氧气，以致水中溶氧供不应求，引起鱼类浮头。

③水质过浓或水质败坏　夏季久晴未雨，池水温度高，加以大量投饲，水质肥，耗氧大。由于水的透明度小，增氧水层浅，耗氧水层高，水中溶氧供不应求，就容易引起鱼类浮头。这种水质如不及时加注新水，水色将会转为黑色，此时极易造成水中浮游生物因缺氧而全部死亡，水色转清并伴有恶臭（俗称臭清水），则往往造成泛池死鱼事故。

④浮游动物大量繁殖　春季轮虫或水蚤大量繁殖，形成水华（轮虫为乳白色，水蚤为橘红色，它们大量滤食浮游植物）。当水中浮游植物滤食完后，池水清晰见底（渔民称"倒水"），池水溶氧的补给只能依靠空气溶解，而浮游动物的耗氧大大增加，溶氧远远不能满足水生动物耗氧的需要，引起鱼类浮头。

（2）预测浮头的方法　鱼类浮头前会出现某些现象，根据这些预兆，可事先做好预测工作。鱼类发生浮头前，可根据四个方面来预测。

①天气预报或天气情况　如夏季晴天傍晚下雷阵雨，使池塘表层水温急剧下降，引起池塘上下水层急速对流，上层溶氧高的水对流至下层，很快被下层水中的有机物所耗净而引起严重浮头。夏秋季节晴天白天吹南风，夜间吹北风，造成夜间气温下降速度快，引起上下水层迅

速对流，容易引起浮头。或夜间风力较大，气温下降速度快，上下水层对流加快，也易引起浮头。连绵阴雨，光照条件差，风力小、气压低，浮游植物光合作用减弱，致使水中溶氧供不应求，容易引起浮头。此外，久晴未雨，池水温度高，加以大量投饲，水质肥，一旦天气转阴，就容易引起浮头。

②季节和水温变化　随着季节变化，水温逐渐升高，水质转浓，池水耗氧增大，鱼类对缺氧环境尚不完全适应。因此天气稍有变化，清晨鱼类就会集中在水上层游动，可看到水面的阵阵水花，俗称暗浮头。由于光照强度弱，而水温较高，浮游植物造氧少，加以气压低、风力小，往往引起鱼类严重浮头。又如从夏秋天转换时期，气温变化剧烈，多雷阵雨天气，鱼类容易浮头。

③水色　池塘水色浓，透明度小，或产生"水华"现象，如遇天气变化，容易造成池水浮游植物大量死亡，水中耗氧大增，引起鱼类浮头泛池。

④鱼类吃食情况　经常检查食场，如发现饲料在规定时间内没有吃完，而又没有发现鱼病，就说明池塘溶氧条件差，第二天清晨鱼会浮头。

（3）**防止浮头的方法**　发现鱼塘有浮头预兆，可采取以下方法预防：

①在夏季如果气象预报傍晚有雷阵雨，则可在晴天中午开增氧机。将溶氧高的上层水送至下层，事先降低下层水的耗氧量，及时偿还氧债。这样，到傍晚下雷阵雨引起上下水层急剧对流时，因下层水的氧债小，溶氧

就不致急剧下降。

②如果天气连绵阴雨，则应在鱼类浮头之前开动增氧机，改善溶氧条件，防止鱼类浮头。

③如发现水质过浓，应及时加注新水，以增大透明度，改善水质，增加溶氧。

④估计鱼类可能浮头时，根据具体情况，控制吃食量。鱼类在饱食情况下其基础代谢高、耗氧大，更容易浮头。如天气不正常，预测会发生严重浮头，应立即停止投饲。

（4）观察浮头和衡量鱼类浮头轻重的办法 观察鱼类浮头，通常在夜间巡塘时进行。其办法有以下几个。

①在池塘上风处用手电光照射水面，观察鱼是否受惊。在夜间池塘上风处的溶氧比下风高，因此鱼类开始浮头总是在上风处。用手电光照射水面，如上风处鱼受惊，则表示鱼已开始浮头；如只发现下风处鱼受惊，则说明鱼正在下风处吃食，不会浮头。

②用手电光照射池边，观察是否有小杂鱼或虾类浮到池边。由于它们对氧环境较敏感，如发现它们浮在池边水面，标志着池水已缺氧，鱼类已开始浮头。

③借着月光或手电光观察水面是否有浮头水花，或静听是否有的浮头声音。渔谚有"击掌鱼下沉，浮头不要紧""咳嗽鱼不动，浮头很严重"。

鱼类发生了浮头，还要判断浮头的轻重缓急，以便采取不同的措施加以解救。判断浮头轻重，可根据鱼类浮头起口的时间、地点、浮头鱼的种类和鱼类浮头动态等情况来判别（表4-9）。

表4-9　鱼类浮头轻重程度判别

起口时间	池内地点	鱼类动态	浮头程度
清晨	中央、上风	鱼在水上层游动，可见阵阵水花	暗浮头
黎明	中央、上风	罗非鱼、团头鲂、野杂鱼在岸边浮头	轻
黎明前	中央、上风	罗非鱼、团头鲂、鲢、鳙浮头，稍受惊动即下沉	一般
午夜后	中央	罗非鱼、团头鲂、鲢、鳙、草鱼或青草（如青鱼饲料吃得多）浮头，稍受惊动即下沉	较重
午夜	由中央扩大到岸边	罗非鱼、团头鲂、鲢、鳙、草鱼、青鱼、鲤、鲫浮头，但青鱼、草鱼体色未变，受惊动不下沉	重
午夜前	青、草鱼集中在岸边	池鱼全部浮头，呼吸急促，游动无力，青鱼体色发白，草鱼体色发黄，并开始出现死亡	泛池

　　青鱼或草鱼在饱食情况下会比鲢、鳙先浮头。

　　（5）**解救浮头的措施**　发生浮头时应及时采取增氧措施。如增氧机或水泵不足，可根据各池鱼类浮头情况区分轻重缓急，先用于重浮头的池塘（但暗浮头时必须及时开动增氧机或加注新水）。从开始浮头到严重浮头的时间长短与当时的水温有关。一般水温在22～26℃时开始浮头后，拖延2～3小时增氧也不会发生危害；水温在26～30℃开始浮头1小时，应立即采取增氧措施。否则，青鱼、草鱼已分散到池边，此时再进行冲水或开增氧机，鱼不易集中在水流处，就容易引起死鱼。增氧机解救浮头效果一般比水泵好一些，但两者没有根本的区别。浮头后开机、开泵，只能使局部范围内的池水有较高的溶氧，此时开动增氧机或水泵加水主要起集鱼、救鱼的作用。因此，水泵加水时，其水流必须平水面冲出，使水流冲得越远越好，以便尽快把浮头鱼引集到溶氧较高的新水中以避免死鱼。在抢救浮头时，切勿中途停机、停泵，否则会加速浮头死鱼。一般开增氧机或水泵冲水需待日出后方能停机停泵。

发生严重浮头或泛池时，也可用化学增氧方法，其增氧救鱼效果迅速。具体药物可选用复方增氧剂。其主要成分为过碳酸钠和沸石粉，含有效氧 12%～13%。使用方法以局部水面为好，将药粉直接撒在鱼头浮头最严重的水面，使用浓度按说明书。

（6）发生鱼类泛池时应注意事项

①当发生泛池时，属于圆筒体形的青鱼、草鱼、鲤大多在池边浅滩处；属于侧扁体形的鲢、鳙、团头鲂浮头已经十分乏力，鱼体与水面的夹角由浮头开始时的 15°～20° 变为 45°～60°，此时切勿使鱼受惊，否则受惊后一经挣扎，浮头鱼即冲向池中而死于池底。因此，池边严禁喧哗，人不要走近池边，也不必捞取死鱼，以防浮头鱼受惊死亡。只有待开机开泵后，才能捞取个别未被流水收集而即将死亡的鱼，可将它们放在溶氧较高的清水中抢救。

②通常池鱼窒息死亡后，浮在水面的时间不长，即沉于池底。如池鱼窒息时挣扎死亡，往往不浮于水面，

而直接沉于池底。此时沉在池底的鱼尚未变质，仍可食用。隔一段时间（水温低时约一昼夜后，水温高时10～12小时）后死鱼再度上浮，此时鱼已腐烂变质，无法食用。泛池后一般捞到的死鱼数仅为整个死鱼数的一半左右，即还有一半死鱼已沉于池底。应等浮头停止后，及时拉网捞取死鱼或人下水摸取死鱼。

③渔场发生泛池时，应立即组织增氧、救鱼和捞取死鱼等工作。

3. 合理使用增氧机

增氧机是一种比较有效的改善水质、防止浮头、提高产量的专用养殖机械。

（1）增氧机的作用 在成鱼池中大多采用叶轮式增氧机。它具有增氧、搅水和曝气等三方面的作用。它们虽然在运转过程中同时完成，但在不同情况下，则以一个或两个作用为主。

①增氧作用 增氧机负荷水面较大时，其平均分配于池塘整个水体的增氧值并不高。因此，对于池塘大水体而言，实际增氧效果在短期内并不显著，只能在增氧机水跃圈周围保持一个溶氧较高的区域，使鱼群集中在这一范围内，达到救鱼的目的。为发挥增氧机的增氧效果，应运用预测浮头的技术，在夜间提前开机，可防止池水溶氧进一步下降。至天亮浮游植物进行光合作用溶氧开始上升时才能停机。生产上可按溶氧量 2 毫克 / 升作为开机警示线，可依罗非鱼或野杂鱼浮头作为开机的生物指标。增氧机负荷水面请见说明书配置（一般 0.3～

0.5 千瓦 / 亩）。

②搅水作用 叶轮式增氧机的搅水性能良好，液面更新快，可使池水的水温和溶氧在短期内均匀分布。精养鱼池晴天中午上下水层的温差和氧差最大，此时开机，就可以充分发挥增氧机的搅水作用。增氧机负荷水面越小，上下水层循环流转时间越短。

③曝气作用 叶轮式增氧机运转时，通过水跃和液面更新，使水中的溶解气体逸出水面。其逸出的速度与该气体在水中的浓度成正比。即某一气体在水中浓度越高，开机后就越容易逸到空气中去。因此，开机后下层水积累的有害气体（如硫化氢、氨等）的逸出速度大大加快。中午开机也会加速上层水溶氧的逸出速度，但由于叶轮式增氧机搅水作用强，故溶氧逸出量并不高，大部分溶氧机输送至下层。

（2）增氧机的合理使用 增氧机的使用上采取"三开"和"二不开"原则。

必须针对不同天气引起缺氧的主要原因，根据增氧机的作用原理，有目的地使用增氧机。晴天翌晨缺氧主要是白天上下水层溶氧垂直变化大，而白天下层水温低、密度大，上层水温高、密度小，上下水层无法及时对流，上层超饱和氧气未能利用就逸出水面而白白浪费掉；而下层耗氧因子多，待夜间表层水温下降、密度增大引起上下水层对流时，往往容易使整个水层溶氧条件恶化而引起浮头。采用晴天中午开机，就是运用生物造氧和机械输氧相结合的方法，充分利用上层过饱和氧气，利用增氧机的搅水作用人为克服了水的热阻力，将上层浮游植物光合作用产生的大量过饱和氧气输送到下层去，及时补充下层水溶氧，降低下层水的耗氧量。此时上层水的溶氧量虽比开机前低，但下午经藻类光合作用，上层溶氧仍可达饱和。到夜间池水自然对流后，上下水层溶氧仍可保持较高水平，可在一定程度上缓和或消除鱼类浮头的威胁。

晴天中午开机不仅防止减轻鱼类浮头，而且也促进了有机物的分解和浮游生物的繁殖，加速了池塘物质循环。因此，在鱼类主要生长季节，必须抓住每一个晴天，坚持在中午开增氧机，充分利用上层水中过饱和氧气，改善水质。

阴天、阴雨天缺氧，是由于浮游植物光合作用不强，造氧少、耗氧高，以致溶氧供不应求而引起鱼类浮头。此时必须充分发挥增氧机的作用，及早增氧。必须在鱼类浮头以前开机，直接改善溶氧低峰值，防止和解救鱼类浮头。

晴天傍晚开机，使上下水层提前对流，反而增大耗氧水层和耗氧量，其作用与傍晚下雷阵雨相似，容易引起浮头。阴天、阴雨天中午开机，不但不能增加下层水的溶氧，反而降低了上层浮游植物的造氧作用，增加了池塘的耗氧水层，加速了下层水的耗氧速度，极易引起浮头。渔谚有：晴天傍晚和阴天（阴雨天）中午开机是开"浮头机"。

必须结合当时养鱼的具体情况，运用预测浮头的技术，合理使用增氧机。增氧机的开机时机和运转时间长短不是绝对的，它同气候、水温、池塘条件、投饵施肥量、增氧机的功率大小等因子有关。应结合当时的养鱼具体情况、池塘溶氧变化规律，灵活掌握，合理使用增氧机。如水质过肥时，可采用晴天中午和清晨相结合的开机方法，以改善池水氧气条件。

根据上述要求，选择最适开机时间可采取：晴天中午开，阴天清晨开，连绵阴雨半夜开，傍晚不开，浮头早开，鱼类主要生长季节坚持每天开。确定运转时间可采取：半夜开机时间长，中午开机时间短；天气炎热、面积大或负荷水面大，开机时间长；天气凉爽、面积小或负荷水面小，开机时间短。根据具体情况，灵活应用。

（3）**增氧的增产效果** 合理使用增氧机，在生产上有以下作用：充分利用水体；增高水温；预防浮头；解救浮头，防止泛池；加速池塘物质循环；稳定水质；增加鱼种放养密度和投饲施肥量，从而提高产量；有利于防治鱼病等。

第五章
池塘养殖鱼类越冬技术

越冬是北方池塘养鱼的一个重要环节。按越冬鱼类可分为温水鱼类越冬和热带鱼类越冬；按越冬池种类可分为室外越冬池越冬、工厂余热水越冬、塑料大棚或玻璃温室越冬、地热水越冬和小型锅炉水越冬。大宗淡水鱼（青鱼、草鱼、鲢、鳙、鲤、鲫、鲂等）属于温水性鱼类，一般采用室外越冬池越冬。罗非鱼、短盖巨脂鲤、革胡子鲇等属于热带鱼类，一般采用工厂余热水越冬、塑料大棚或玻璃温室越冬、地热水越冬和小型锅炉水越冬。根据越冬鱼类和越冬条件，选择相应的越冬方式。冬季水面封冰，水体与大气隔绝，水体内部发生变化。随着气温和冰层加厚，会出现"低水温，低光照，低溶氧，低水位"现象，水体的理化和生物状况影响鱼类的安全越冬。北方地区冬季气候寒冷，封冰期长达5个多月，最大冰厚达80～100厘米，保证鱼类安全越冬是北方地区养鱼生产中的重要环节。以下介绍室外越冬池越冬。

一、越冬池条件

1. 越冬池规格

选择长方形，东西走向，保水性好，背风向阳，面积 10～20 亩，淤泥厚度小于 20 厘米的越冬池。

2. 越冬池水位

要求越冬池注满水时水深 2.0～3.5 米，冰下水深 1.5～2.5 米，冰下最低水位不能少于 1 米。在封冰后，不冻层水位的变动主要取决于渗漏流失和冰厚度。一般随温度降低冰层增厚，水位逐渐下降。为了保持一定的水位，静水越冬池在越冬期应分期注水 2～3 次，使越冬池保持一定的有效水深。过浅会导致水温偏低，限制越冬鱼的密度；过深会使氧债层加大，不利于生物增氧。

3. 越冬池水温

温水性鱼类在低于水温 10～15℃时，摄食减少；在水温 5～6℃时，停止摄食；在水温 2～5℃时，进入越冬半冬眠状态；在水温低于 0.5℃时，容易被冻伤；水温低于 0.2℃容易被冻死。

东北地区养鱼水体一般在 11～12 月份开始封冰，直至第二年 3～4 月份开始融化。水体封冰后，不冻层水温很少再受天气和阳光的影响，越冬池的各水层温度相对稳定，表层水温最低，深层一般可保持在 3～4℃（表 5-1）。因此，当越冬池缺氧采用增氧机或水泵曝气增氧时，要十分注意水温下降问题。

表 5-1　冰下水温垂直分布情况

冰下水深（厘米）	水温（℃）	冰下水深（厘米）	水温（℃）
表层	0.4～0.8	100	2.8～3.8
20	1.0～1.4	120	3.4～3.8
40	2.0～2.4	140	3.6～3.9
60	2.3～3.5	300～400	4.0 左右
80	2.4～3.8		

4. 越冬池光照

越冬期冰下光照强度与冰质关系密切。明冰透光率一般为 20%～50%，冰下照度值在晴天中午前后最高，可达 10 000～20 000 勒（lx）；厚 3～5 厘米的乌冰，透光率仅为 10% 左右，冰下最大照度值约 3 000 勒；冰上有 20～30 厘米厚的覆雪，透光率只有 0.1%～5%，冰下最大照度值不过 30～100 勒。覆雪冰下的照度难以满足藻类正常生活的需要，而明冰和不太厚的乌冰下的照度则可以保证绝大部分藻类的正常繁殖。越冬池的最适透明度应为 48～66 厘米。冰下照度随水深而递减，通常肥度中等的明冰越冬池，中午前后在 2～3 米深的水层照度仍可达 100 勒以上；而乌冰和冰上有覆雪的越冬池，底层光照极弱或根本没有。因此下雪天要及时清扫积雪。使鱼类越冬区冰上清扫雪面积达到 70% 以上为好。可以人工扫雪或机器清雪。

5. 越冬池水溶氧

冰下水中溶氧的变化规律与水中浮游植物种类和数量、浮游动物数量、鱼类、底质和冰质等有密切关系。冰下水体溶氧的主要来源是微细藻类的光合作用。结冰后，池水和大气隔绝，溶氧不能从空气中得到补充。如果冰面积雪，水中缺少必要的光照，水生植物光合作用亦极弱或完全停止。越冬池存氧量的实际变化图像多数趋双峰型。溶氧的这种变化正反映了日照长短对光合产氧的影响，不过在某些已适应低温、低光照浮游植物占优势的越冬池中，溶氧可能持续上升或比较稳定。越冬期耗氧因素有鱼类、浮游动物、底质、细菌等因素。越冬池实测表明，在12月份至翌年3月份间的越冬池溶氧量可以一直保持在10.0毫克/升以上。生产上越冬期冰下水体溶氧量最好保持在5.0毫克/升以上，冰下水体溶氧量在3毫克/升时为警戒界限，冰下水体溶氧量在2毫克/升时为抢救界限。越冬中期时刻要注意监测冰下水中溶氧量的变化。越冬期，水体中有机物的分解会使溶氧减少，还会使水体pH值以及二氧化碳、硫化氢、营养盐类的含量发生变化。

6. 越冬池水生物

越冬池冰下水体生物主要是浮游植物，即微细藻类。与明水期相比，冰下浮游植物的特点是种类少、生物量不低、鞭毛藻类多。对东北地区若干越冬池的实测结果表明，常见的优势种群有光甲藻、隐藻、小球藻、壳虫藻、眼虫藻、棕鞭藻、黄群藻、鱼鳞藻、兰隐藻、针杆藻和菱形藻等，也不过 30 余个属。而明水期间在这些地区比较常见的浮游植物就多达 50～60 个属。冰下浮游动物主要有轮虫（犀轮虫、多肢轮虫和几种臂尾轮虫等）和原生动物（侠盗虫、接柄毛虫、喇叭虫、钟形虫、草履虫、似袋虫等），而枝角类在冬季处于滞育状态，很少出现。桡足类主要是剑水蚤及其幼体。一般认为，越冬水体透明度为 50～80 厘米，浮游植物生物量为 10～30 毫克 / 升较好。

7. 越冬池清理和消毒

清理包括清淤和清杂。要对越冬池淤泥进行清理，厚度保持在 20 厘米左右，以减少越冬期底泥耗氧。清除越冬池的杂物及杂草，防止杂草在越冬期腐烂，耗氧和恶化越冬水质。越冬池必须严格消毒，以便杀死敌害生物、野杂鱼和病原体，改善池底通透性，加速有机物的分解和矿化，减少疾病发生。

二、越冬鱼类生理状况

越冬期间，冰下水温较低，大多数养殖鱼类很少摄食，活动性减低，新陈代谢减缓，生长缓慢或停止。鲤科鱼类在越冬期一般摄食很少或停止。室内越冬的鱼类由于水温略高仍少量投喂。

越冬鱼类体重的变化因种类和规格而异。在静水越冬池中，滤食性鱼类在越冬后体重略有增加，而吞食性鱼类越冬后体重有不同程度的下降。各种鱼类对低温和低氧的适应力是不同的，多数鲤科和鲑科鱼类在0.5℃以下会冻伤，小于0.2℃时开始死亡；鲈形目鱼类长期在水温低于7℃的水中会死亡。

三、越冬池水处理

越冬池水的来源一般为原塘水、水库湖泊水、河水和地下井水等。越冬水来源不同，要做必要的处理。过肥的水（肥度高）和污染的水（生活污水，化工废水，农药污染水）不能用于越冬用水。一般对越冬水源要求是：溶氧量在6.0毫克/升以上，pH值为7.0～8.5，二氧化碳含量不超过50毫克/升，氨含量不超过0.5毫克/升，含铁量不超过0.2毫克/升，不含有硫化氢，有机耗氧量不超过20毫克/升。使用井水时应注意溶氧量、含铁量、硫化氢量和水体肥度，增加曝气增氧，减少毒害作用。

1. 排　水

对于选定的越冬池，放鱼前15～20天，将池水排干，晾晒3～7天，用每亩50～100千克生石灰全池泼洒，消灭有害生物和野杂鱼。对于有鱼的原塘越冬的越冬池，要排出部分越冬池老水。将原塘老水排出1/2～2/3，使越冬池水平均水深达到1米左右。

2. 净　水

对越冬用水净化，每亩用生石灰20～35千克化水全池泼洒，净化越冬池水，使越冬池水处于微碱性。最好在鱼类并塘后进行。

3. 杀　虫

在封冰前 15～20 天对越冬池水用晶体敌百虫 1～2 克 / 米^3，可杀死池水中桡足类和轮虫等浮游动物，同时对病原微生物、鱼体外寄生虫也有杀灭作用。

4. 杀　菌

除了对越冬池杀虫外，还要进行杀菌处理。在晶体敌百虫用后 5～7 天，用漂白粉 0.5～1.0 克 / 米^3 全池泼洒消毒池水和鱼体，预防细菌性疾病或真菌性疾病的继发感染。

5. 加　水

越冬池水消毒 3～5 天后加注水库水或井水直至池满为止，使越冬池水深达 2.0～3.5 米，冰下水深 1.5～2.5 米。

6. 肥　水

在越冬池封冰期前 5～10 天施入无机肥，促进越冬池水体中浮游植物的生长。无机肥使用量：越冬池水体平均水深 1.50 米，每亩施硝酸铵 4～6 千克、过磷酸钙 5～7 千克。

7. 改　水

越冬前中后期，可以使用水质改良剂，消除越冬水体中有害物质，改善越冬期间越冬水质，预防融冰时鱼类出血病、水霉病和暴发性疾病的发生。

四、越冬鱼类的放养规格和密度

1. 静水越冬池

冰下平均水深 2 米以上时，鱼类越冬密度为 1.0～1.5 千克 / 米^3；冰下平均水深 1.5～2.0 米时，鱼类越冬密度为 0.7～0.9 千克 / 米^3；冰下平均水深 1.0～1.5 米时，鱼类越冬密度为 0.5～0.6 千克 / 米^3。

2. 流水越冬池

平均水深 1.0 米以上时，鱼类越冬密度为 0.5～1.0 千克 / 米^3（越冬鱼类体长 10 厘米左右的鱼种，每亩放 4 万～8 万尾，或每尾体重 2.5～3.5 千克的亲鱼 100～180 尾）。

3. 天然中小水体

冰下平均水深 1.0 米以上时，鱼类越冬密度不超过 0.5 千克 / 米^3。

4. 塑料大棚或玻璃温室越冬池

根据越冬期间补水、补氧及保暖条件具体调整，一般鱼类越冬密度为 2.5～3.5 千克 / 米^3。

五、越冬期的管理

1. 清 雪

鱼类主要越冬区域清雪面积达到 80% 以上，保证冰下越冬水体有足够的光照，使浮游植物进行光合作用制造氧气。越冬池水面应保证明冰，若遇阴雨天气，结乌冰应及时破除，重新结明冰。无论是明冰还是乌冰上的积雪都应及时清除，以保证冰下有足够的光照。

2. 测 氧

越冬期间要关注冰下水体溶氧量变化，定期监测溶氧量。越冬前后期（11～12月份，翌年3～4月份），每周（5～7天）测1次；越冬中期（1～2月份，冬至到春节后），每1～3天测1次。水中溶氧量低于4.0毫克/升时，每天测定1次；5.0～7.0毫克/升时，每2天测1次；8.0毫克/升以上时，每5天测1次。测氧有助于了解冰下水体溶氧变化情况，以便及时采取应对措施。目前，测氧多采用化学试剂测氧法，这种方法比较经济，但操作起来较为麻烦。如果经济条件允许，可购买测氧仪器测氧，仪器测氧操作起来较为方便。也可用测试盒粗略检测。

3. 及时补水

越冬期根据越冬池水位情况，补水2～4次，每次补水15～20厘米，补充井水或水库水为好。

4. 补充营养盐类

越冬期间如发现越冬池水透明度增大，浮游植物减少，溶氧量偏低时，可采用冰下水流冲撒或冰面打冰眼挂袋等方式施用无机肥或专用渔用复合肥，培养浮游植物进行冰下生物增氧。

5. 控制浮游动物

越冬期间注意观察越冬水体中浮游动物的种类和数量，发现有大量剑水蚤、犀轮虫和大型纤毛虫时，要用药物（如晶体敌百虫）杀灭控制浮游动物。药物用法和用量按说明书。

6. 防治疾病

越冬期间容易出现"低水温，低光照，低溶氧，低水位"现象的环境变化和鱼类越冬期生理变化，容易导致鱼类出现疾病。参照历年容易出现的疾病情况，有针对性地采取冰下水流冲撒或冰面打冰眼挂袋的形式进行药物预防，防止融冰后出现鱼类疾病或死亡。

7. 增 氧

北方冬季低温雪大，鱼池容易出现乌冰、缺氧和鱼体冻伤。鱼类越冬环境中的各种理化条件，最重要的就是水中的溶氧含量，是确保鱼类安全越冬的重要条件。水中的溶氧丰富，可促进池塘物质的良性循环，这对创造一个良好的越冬环境尤为重要。但在漫长的冬季，越冬池的缺氧也是不可避免的，选择行之有效的补氧方法，科学的实施冰下增氧，可保证鱼类越冬安全。冬季冰雪天气越冬池冰下增氧方法主要有打冰眼破冰增氧、生物增氧、注水补氧、循环水补氧、机械增氧、微孔增氧、充气补氧和化学增氧等方法。

（1）打冰眼破冰增氧——实用有效方法 打冰眼破冰增氧是经典传统方法。通过冰眼或破冰，可以观察越冬池中是否缺水、缺氧，同时可以使水体中的部分有害气体逸出。水中缺氧时（低于 1.8 毫克/升），在冰眼附近可看到水生昆虫聚集，根据观察到的情况及时采取措施。越冬池应以明冰封冰，若冻成乌冰，应用电锯破除后重新结冰，保证明冰区占 50% 以上。雪后及时清除积雪，清雪面积占池塘面积的 80% 以上。如乌冰或积雪不及时清理，造成冰下光照不足，阻断光合作用，易造成缺氧。当积雪厚、气温低时，池水结冰，可造成鱼类因冻伤、缺氧而死亡，因此做好除雪破冰工作是解决缺氧问题的有效措施。在每次大雪后，都要及时清除冰面上的积雪，以增强池水中浮游植物的光合作用，从而增加池水的溶氧。如果池水结冰时间过长，还需要在冰上打洞透气，一般每亩水面可以打 2～4 个冰眼，便于通气增氧。

（2）生物增氧——简单经济根本方法　越冬池封冰后水中氧的主要来源是靠浮游植物的光合作用，因而，保持水中一定数量的适宜低温和低光照的浮游植物进行光合作用就可以不断地补充水中的氧气，满足越冬鱼类的需要。生物增氧的主要措施是越冬池注水时，保证水中有一定数量的浮游植物，尤其是引用地下水时要特别注入部分含浮游植物多的肥水（但数量一般不超过 1/5），作为引种之用。要保持明冰，增加冰的透光率，下雪过后要及时清扫。静水池塘越冬应保持一定数量的浮游生物，保持池水的透明度；水质清瘦的鱼池，要适量给池塘施一些含氮磷钾的肥料，应在冰封前进行，避免藻类过早繁殖，这样可以在冰封后繁殖喜弱光和低温的鞭毛藻类，增氧效果好，但轮虫或剑水蚤过多时会影响增氧效果，必须及时杀灭。利用生物增氧技术时应注意，在施肥时不能施有机肥，因冬季水温低，不易使有机肥腐熟分解，起不到培养浮游植物的作用。实践证明，生物增氧是静水越冬池最简单和最经济有效的增补氧方法。

（3）注水补氧——快速解决方法 采用注水补氧法，一定要提早进行，以防止因缺氧而一次注水量过大或注水时间过长，导致越冬池水温的急剧变动及鱼类的频繁活动消耗体力。每次注水的时间和注水量要根据实际情况而定，应适当地加以控制，要特别引起注意。应尽量缩小每次注水时间和注水量，以免水温变化大和惊扰鱼类。鱼池内发生缺水和缺氧时，可直接引水入池。如果水源中的溶氧比较低，可使水流经过一定的流程和落差，提高溶氧后再注入池内，以增强补氧效果。凡采取注水补氧的方法，一定要提早进行，以防止因缺水、缺氧而一次注水量过大或注水时间太长，导致池塘水温的急剧变化及鱼类的大量游动而损伤鱼体。因此，每次注水的时间和注水量都要根据具体情况（冬季鱼池的冰下水位以保持在2米左右为宜），以尽量缩短时间和缩小水量为好。因注水补氧所用水源的不同，注水的方法也不完全相同，包括引取河水、水库和湖泊水补氧和提取地下水补氧，要注意水源的水质和溶氧，经过曝气、氧化和沉淀，污水和含铁高的水不要直接进入鱼池。

（4）循环水补氧——传统补氧方法 当越冬池严重缺氧而又缺少水源时，可采取原塘水用水泵循环补氧和桨叶轮补氧的方法。原塘水循环是用泵抽出池水，使水流经一段冰面曝气、增氧后再注入越冬池，以达到提高越冬池水中含氧量的目的。这种方法增氧效果较好，缺点是使水温大幅度下降，直接危害越冬鱼类，若长时间循环水还会增大鱼的活动量，对安全越冬不利。采取原塘水循环补氧时，宜早使用，一次循环水量不易过大，在监测溶氧量的同时要监测水温变化，当水温低于2℃时，应立即停止循环水。循环水补氧常因水温的急骤下降而造成大量死鱼，所以该法只能作为解决越冬缺氧的应急办法，不宜反复使用。同时循环水的地点应选择在深水处，以免冲起底泥，搅混池水。

（5）机械增氧——常规增氧方法　机械增氧主要是利用增氧机。可用1.5～3.0千瓦增氧机连续开机2～3小时进行增氧。利用增氧机械强制使空气中氧大量溶于水中，这种方法的增氧效果与增氧机的类型和功率大小有关。叶轮式增氧机虽增氧效率高，但易结冰，维护较困难。而射流式增氧机增氧效率高，使用方便，易于维护，在短时间内也可以解除缺氧的危机。采用机械强化增氧也要监测水温的变化，不宜连续长时间使用。有条件的可使用冰下保温增氧机。

（6）微孔增氧——最新有效方法　水下微孔曝气增氧方式，在节能、增效和改善水质等方面具有明显的作用。将传统的一点增氧变为现在的多点增氧，变表面增氧为底部增氧。同时，底部增氧气泡的对流作用会改善水质，增氧效果非常好，是目前最先进最有效的增氧方法。

（7）充气补氧——快速应急方法　利用氧气瓶或空气泵，将空气压入水中进行增氧，是简单快速有效方法。

鱼池表面封冻后，可在连接气泵的胶管顶端连一沙滤器，或直接在胶管上刺许多小孔，设置在冰下水中，将空气压入胶管中，让其通过沙滤器或小孔呈很小的气泡扩散到水中，提高水与空气的接触面积，增加水体的溶氧。此外，当封冻池水严重缺氧、措手不及时，也可用氧气瓶进行加氧急救，即将纯氧直接通过胶管送到冰下水中，让其在水中逐渐扩散。

（8）化学增氧——快速应急方法 紧急情况下，可使用化学增氧剂向池中快速、高效地增氧以应急，效果较好。因其成本较高，所以只能用于抢救时使用。目前常用的化学增氧化剂有过氧化钙、过氧化氢等。使用化学药剂增氧时必须注意，用量要适度，不可过量，以免引起对鱼体的危害。

8. 日常管理

越冬期要实行专人负责，及时检查越冬情况。及时扫雪清雪。减少冰面通行和活动，防治惊扰鱼类。检测水质，特别是溶氧量。建立日志，坚持记录。发现情况及时解决。

六、鱼类越冬期死亡原因

鱼类在越冬期死亡的原因是多方面的，大致可归纳如下。

1. 鱼种规格小、体质差及鱼体损伤严重

（1）鱼种规格小，体质消瘦，肥满度低。秋季鱼种

培育不好，体质消瘦，成活率就低。

（2）鱼种在并池越冬、运输和拉网过程中造成鱼体损伤，影响鱼类体质，容易感染疾病。

2. 鱼 病

鱼种受伤或体质不佳，在越冬期常感染水霉、竖鳞病或车轮虫、指环虫、斜管虫等寄生虫，某些病毒性鱼病如鲤春病等在冬末、初春亦时有发生，导致越冬鱼类的死亡，尤以春季融冰前后其发病率较高。如鲤春病、竖鳞病和气泡病等。

3. 少水或缺氧

因缺氧造成越冬死鱼的现象，扫雪不及时或面积过小，透光性差；水体清瘦、缺肥；浮游动物过多；水质过肥，水耗氧量过大；水位太浅，越冬池渗水，越冬水体受污染等。

4. 低 温

当水温降至 $0.2 \sim 0.5$℃时，鱼体就会冻伤乃至冻死，尤其是含水量高、偏肥的杂交鲤，更不耐低温。所以当溶氧告急时，长时间采用机械增氧，往往可使水温降至 0.5℃以下，造成大量死鱼。

5. 管理不善

管理不善而引起死鱼的主要原因是责任心不强和不懂技术。如在有大量越冬鱼种的渔场，由于并塘和停食较早，造成鱼越冬后期的消瘦死亡；越冬水体不清淤，水质差，水位浅，造成缺氧死鱼；盲目补水，尤其是污水的补入，造成严重缺氧死鱼；拉网操作使鱼体受伤，感染鱼病，造成死鱼；盲目连续用药，造成环境条件恶化、药物中毒等使鱼死亡；长时间搅水使水温降低导致死鱼等。

七、提高鱼类越冬成活率措施

1. 增强越冬鱼类体质，提高其耐寒力和抗病力

选择和培育耐寒的优良品种，如鳞鲤、镜鲤、松蒲鲤等。严格进行鱼体消毒，减少伤病。越冬前静养细喂，提高肥满度。尽可能选大规格鱼种越冬。预防疾病。

2. 改善鱼类越冬环境条件，提高越冬成活率

越冬池达到标准，水体理化指标符合要求。越冬期间有新水补入，有增氧措施。冬季及时扫雪，增加透光率。减少冰面惊扰和车辆通行。防止污水流入。肥水越冬，监测溶氧。

3. 合理安排越冬池放养密度，提高越冬水体空间

冰下水体保持一定水深和溶氧。越冬放养密度根据水中溶氧，越冬种类、规格，有效水面积和管理措施等确定。越冬后期尽早投喂。

第六章
鱼病防治技术

一、鱼病发生原因

鱼病防治是养殖生产的重要环节。鱼病防治应坚持"以防为主，治疗为辅；无病早防，有病早治"方针。致病原因很多，包括自然因素（水质变化、水温变化、溶解氧变化），人为因素（放养密度大、饲养管理不当、机器性损伤、生活污水和生产污水污染），生物因素（各种病原体和敌害生物），非生物因素（中毒）等。

二、鱼病防治方法

1. 病毒性疾病防治

病毒性疾病有季节性，如草鱼出血病、鲤春病毒病等。外用可用常规消毒剂聚维酮碘，内服可用板蓝根＋免疫多糖，还可注射弱毒疫苗。

2. 细菌性疾病防治

适当外用消毒剂和内服药饵（黄芪多糖、免疫多糖）。

3. 真菌性疾病防治

减少受伤，提早预防，控制好水质。外用杀灭真菌药物。

4. 寄生虫疾病防治

控制好水质。外用杀虫剂＋药饵。

5. 水质调节控制

鱼种合理搭配，施发酵有机肥或专用渔用复合肥，施微生态制剂。

三、鱼病诊断分析

1. 现场分析

（1）了解最近饲养管理情况（水质变化情况，投饲情况，用药情况，渔区周边情况）。

（2）观察鱼类在池塘里活动情况（吃食情况，池塘内游动状况，体表黏液和寄生虫情况，鱼体色情况，发病鱼、死亡鱼数量和程度）。

2. 鱼体检查

通过体外观察，解剖检查和镜检等方式，确定病因和患病种类。

（1）检查体表（黏液，出血，寄生虫）。

（2）检查鳃部（黏液，颜色，鳃丝，出血，寄生虫，溃烂，真菌）。

（3）检查鱼眼（寄生虫）。

（4）检查口腔和体腔（寄生虫）。

（5）检查内脏器官系统（胃，肠道，肝脏，胆囊，鳔的颜色、有无出血，肠液，粪便，血液，肌肉中寄生虫情况）。

3. 水质检验

进行水质分析（检测溶氧量、亚硝酸盐、酸碱度、非离子氨、铵态氮、硫化氢等指标及水源进出情况，有无污染情况）。

4. 综合诊断

根据现场分析，鱼体检查和水质检验，综合分析致病原因，针对性采取措施。

四、渔药选择和使用

1. 渔药的选择

（1）看药品生产企业是否为 GMP 验收通过的企业。

（2）看药品包装是否有批准文号、生产日期、具体成分、使用方法和注意事项等。

（3）看药品是否是国家明令禁止使用的原粉类药品、违禁药品和有毒有害的药品。

（4）看药品是否拆袋，开瓶（桶），破损，结块，变色，变质，过期，潮解，失效等。

（5）看药品是否易燃易爆及使用和保存方法。

（6）采购药品时要到正规渠道或渔药商店购买，开具发票。

（7）使用渔药的企业或个人要做好用药记录（时间、种类、浓度、用药量等信息）以备查验。

2. 渔药的使用

（1）遍洒法　是外用药的主要使用方法。适用于水体消毒、杀虫、杀菌、清塘、调水和肥水等。方法是将使用的药品按说明稀释后，在池塘的上风口往下风口均匀泼洒。要求必须测量水体体积，准确计算用药浓度、如生石灰、漂白粉等都采用此法。

（2）内服法　是投喂饲料养殖鱼类的主要用药方法。适用于消炎、杀菌、驱虫、抗毒、促长、提高免疫功能等，方法是把药物按说明拌入所投喂的饵料中。要求混拌均匀，能被摄入鱼体内。如植物提取物、中草药、微生态制剂等常用此法。

（3）浸泡法　是鱼种放养、转运、转池时的主要用药方法。适用于鱼种放养、运输和预防疾病时鱼体消毒。方法是把所用药物按说明配成一定浓度对鱼类进行药浴。要求掌握浸泡时间和浓度。常用食盐和小苏打水对鱼体的消毒。

（4）挂袋法　此法是在预防疾病时使用的方法。方法是将杀虫、杀菌药物按说明称量后装袋挂入养殖池内，形成药物区，对鱼体表进行消毒、驱虫。要求挂袋密度合理设置。消毒药、杀菌药常挂袋使用。

五、常见鱼病防治

（一）病毒性疾病

1. 草鱼出血病

（1）**主要症状**　主要表现为红鳍红鳃盖型（口腔、鳃盖、鳍基、肠道、肝脏、脾等器官出血）和红肌肉型（肌肉点状或块状充血）出血。

（2）**流行情况**　每年4～10月份发病季节，主要感染2龄以下草鱼，死亡率可达90%，一般水温15℃以下逐渐消失。

（3）**防治方法**　预防可注射草鱼出血病疫苗或用中药预防。治疗方法采用内服＋外消相结合方法进行。外用药物：采用生石灰水（每亩水深1米20千克对水）全池泼洒；或者采用10%聚维酮碘溶液（每亩水面500毫升，连用2次）全池泼洒。内服药物：采用1%～1.5%大黄粉、三黄粉或大蒜素制成药饵投喂。具体添加量按药物说明书。

2. 鲤春病毒病

（1）**主要症状**　体发黑，漂游，腹部肿大，皮肤和鳃渗血，鳔充血，俗称"鳔炎症"。

（2）**流行情况**　是一种急性传染病。各阶段鲤鱼都可感染。春季易发生。外伤是重要传播途径。

（3）**防治方法**　预防措施有发生此病及时销毁或隔

离。选择体质健康鱼种，投喂营养全面饲料，保持优良水质。易感季节全池泼洒聚维酮碘溶液预防或用二氧化氯全面消毒。具体用量按厂家说明书使用。治疗方法同草鱼出血病的治疗方法。

3. 鲤鱼疱疹病毒病

（1）**主要症状** 多数病鱼表现为眼球和头部皮肤凹陷，体表黏液增多，多数并发烂鳃症状。

（2）**流行情况** 水温 20～23℃易发。死亡率高，可达 80% 以上。

（3）**防治方法** 发现病鱼及时销毁或隔离；选择体质健康鱼种，投喂营养全面饲料，保持优良水质；易感季节全池泼洒聚维酮碘溶液预防或者用二氧化氯全面消毒；用免疫增强剂（免疫多糖）做成药饵投喂，具体用量按药物说明书。治疗方法同草鱼出血病的治疗方法。

（二）细菌性疾病

1. 细菌性出血病

（1）**主要症状** 病鱼口腔、鳃部、鳍和鱼体有充血症状，鳃丝肿胀，肌肉出血，眼球突出，腹部膨大红肿，腹腔积水，肠壁充血。

（2）**流行情况** 主要发生在高温季节。主要感染鲢、鳙、团头鲂、鲫和草鱼，发生快，死亡率高，最高可达 90%。

（3）**防治方法** 预防措施有彻底清塘清淤；定期加注新水，换水和遍洒生石灰，调节水质；选择优质鱼种和营养全面饲料；定期进行鱼体、饲料、工具和食场消毒；疾病流行季节应用药物预防。治疗采用内服＋外消相结合方法。外用药物：采用生石灰水（每亩水深 1 米 20 千克对水）或者二氧化氯全池泼洒；或者采用 10% 聚维酮碘溶液（每亩水面 500 毫升，连用 2 次）全池泼洒。内服药物：采用 1%～1.5% 大黄粉或三黄粉或大蒜素制成药饵投喂。具体用药量或者添加量按药物说明书。

2. 肠 炎 病

（1）**主要症状**　腹部膨大呈红色，轻压腹部有黄色或红色黏液从肛门流出，肠道发炎，肛门红肿。

（2）**流行情况**　每年 5～9 月份为发病高峰。主要危害 1 冬龄以上草鱼。

（3）**防治方法**　采用内服＋外消相结合方法。外用药物：采用二氧化氯全池泼洒；内服药物：采用 1%～1.5% 大黄粉或三黄粉或大蒜素制成药饵投喂。具体用药量或者添加量按药物说明书。

3. 烂 鳃 病

（1）**主要症状**　体色和头部乌黑，俗称"乌头瘟"。病鱼鳃丝腐烂，带有污泥，严重时鳃盖骨中间内表皮腐蚀透明，俗称"开天窗"。

（2）**流行情况**　流行季节多在 5～9 月份，常与赤皮病和肠炎病并发。青鱼、草鱼、鲢鱼、鳙鱼、鲤鱼都可发生。

（3）**防治方法**　采用内服＋外消相结合的方法。外用药物：采用生石灰水（每亩水深 1 米 20 千克对水）或者二氧化氯全池泼洒；内服药物：采用 1%～1.5% 三黄粉或大蒜素制成药饵投喂。具体用药量或添加量按药物说明书。

4. 赤 皮 病

（1）**主要症状** 病鱼体表局部或大片出血发炎，鳞片脱落，鳍条基部充血，鳍条末端腐烂。

（2）**流行情况** 春末夏初常见。草鱼全年可见。常因拉网、运输或冬季冻伤引发。

（3）**防治方法** 采用内服＋外消相结合方法。外用药物：采用生石灰水（每亩水深1米20千克对水）全池泼洒；内服药物：采用1%～1.5%三黄粉或大蒜素制成药饵投喂。具体用药量或添加量按药物说明书。

5. 白头白嘴病

（1）**主要症状** 病鱼头部和口周围皮肤色素消退呈乳白色，皮肤腐烂，呼吸困难。观察水中游动的病鱼，可见白头白嘴症状，拿出水面观察则不明显。

（2）**流行情况** 一般5～7月份流行，在草鱼、鲢鱼、鳙鱼和鲤鱼等鱼苗和夏花鱼种中发生，尤其对夏花鱼种损害最大。

（3）**防治方法** 确定病因后选择防治方法。如有车轮虫，要先杀灭。如为细菌感染，采用生石灰水（每亩水深1米20千克对水）或漂白粉（每亩水深1米0.50千克对水）全池泼洒。

6. 白 皮 病

（1）**主要症状** 首先在尾柄处出现小白点后尾部变白，严重时尾鳍腐烂，头部朝下，尾鳍朝上，陆续死亡。

（2）**流行情况**　每年6～8月份流行，主要危害鲢鱼和鳙鱼夏花鱼种，发病后2～3天死亡。

（3）**防治方法**　采用生石灰水（每亩水深1米20千克对水）或漂白粉（每亩水深1米0.50千克对水）全池泼洒。

7. 打 印 病

（1）**主要症状**　患病部位通常在尾柄两侧或腹部两侧，病斑呈圆形或椭圆形红斑，似红色印章，严重时肌肉腐烂，直至穿孔，可见骨骼和内脏。

（2）**流行情况**　一年四季均可发生，夏秋两季易发。主要危害鲢鱼、鳙鱼和加州鲈。

（3）**防治方法**　同白皮病。

（三）真菌性疾病

1. 水 霉 病

（1）**主要症状**　由于捕捞、运输、受冻和寄生虫等原因使鱼体表受伤、鳞片脱落，霉菌孢子从伤口侵入，长成棉状菌丝，俗称"白毛病"，有的似旧棉絮。病鱼游动失常，体色变黑，食欲减退，最后瘦弱而死。

（2）**流行情况**　四季都可发生，以早春和晚冬最为流行。各种鱼从鱼卵到成鱼都可感染。

（3）**防治方法**　尽可能减少捕捞、运输和越冬损伤。提早预防。可用3%～4%食盐和小苏打浸泡鱼种5～10分钟，或每亩水面用食盐和小苏打各1千克对水全池泼洒，或冬季池塘每亩水面用食盐和小苏打各1千克挂袋防治。

2. 鳃霉病

（1）**主要症状**　病鱼鳃丝苍白，鳃丝上有棉毛状菌丝，鳃片点状充血或出血，部分眼球突出，体色发黑，游动无力，肝脏白色或黄色，有少量腹水，急性型发病可大量死亡。

（2）**流行情况**　5～10月份最为流行，特别是高温季节。在水质恶化、过肥、脏臭的池塘易发生。四大家鱼从鱼苗到成鱼都可发病，主要危害鲫鱼、草鱼、鳊鱼、鲟鱼，鱼苗阶段发病率高于成鱼阶段。

（3）**防治方法**　彻底清塘消毒，加强饲养管理，注意水质调控。每月全池遍洒1～2次生石灰或漂白粉。注意投饲量和残饲，施用发酵后肥料。每亩水面用食盐和小苏打各1千克对水全池泼洒或配合五倍子、大蒜素组合泼洒。

（四）寄生虫性疾病

1. 小瓜虫病

（1）**主要症状**　病鱼体表、鳃、鳍条上有小白点，肉眼可见，严重时鱼体表覆盖一层白膜，病鱼死亡2～3小时后白点消失。

（2）**流行情况**　3～5月份、8～10月份是流行季节，从鱼苗到成鱼都可感染，无鳞鱼感染率高于有鳞鱼，死亡率很高。

（3）**防治方法**　该病防重于治。每亩水面1米水深用干辣椒250克、生姜80克，加水煮汤，自然冷却后全池泼洒。

2. 大中华蚤病

（1）**主要症状** 病鱼鳃丝末端肿大发白，肉眼可见鳃丝上挂有白色蛆样虫体，病鱼食欲减退，呼吸困难，离群独游。部分鱼浮于水面，不下沉，不摄食。

（2）**流行情况** 每年5～9月份最为流行，主要危害1冬龄以上草鱼。

（3）**防治方法** 每亩水面1米水深用硫酸铜350克、硫酸亚铁250克全池泼洒，或每亩水面用90%晶体敌百虫300～350克化水全池遍洒。注意算准用药量，碱性水体慎用晶体敌百虫。用药量和时间按药物说明书。

3. 锚头蚤病

（1）**主要症状** 病鱼体表可见青绿色虫体，寄生部位组织发炎出血，大量寄生时，鱼体似披上"蓑衣"，俗称"蓑衣病"。病鱼急躁不安，食欲减退，鱼体消瘦，生长缓慢，直至死亡。

（2）**流行情况** 每年4～10月份都可大量繁殖，流行广，对鱼种和成鱼都有危害，对鱼种危害更大。高温季节锚头蚤寄生后易导致继发细菌感染，导致爆发性出血病，引起大量死亡。

（3）**防治方法** 突然改变鱼类的生活环境，如注新水、培肥水等可使锚头蚤脱落。每亩可用90%晶体敌百虫300～350克化水全池泼洒。注意算准用药量，碱性水体慎用晶体敌百虫。用药量和时间按药物说明书。

4. 鲺　病

（1）**主要症状**　鲺寄生在鱼体表或鳃上，肉眼可见鲺虫体。靠吸盘和口刺吸附在鱼体上，刺伤或撕破鱼皮肤，吸食血液，使鱼体逐渐消瘦，极度不安，群集水面狂游和跳跃。

（2）**流行情况**　一般四季都可发生，5～8月份为流行盛期，对饲养鱼类都有危害，对鱼种危害更大。

（3）**防治方法**　每亩用90%晶体敌百虫300～350克，对水后全池泼洒。注意算准用药量，碱性水体慎用晶体敌百虫。用药量和时间按药物说明书。

5. 车轮虫病

（1）**主要症状**　虫体寄生在皮肤和鳃上，导致鳃丝鲜红、张开，口唇和眼周围色素消退，呈现白头白嘴症状。

（2）**流行情况**　5～8月份为流行期。面积小、水肥、水浅、水脏的池塘易发生。幼鱼和成鱼都可感染，对鱼种危害较大，可导致跑马病，死亡率较高。

（3）**防治方法**　每亩水面1米水深用硫酸铜350克、硫酸亚铁250克全池泼洒。

6. 指环虫病

（1）**主要症状**　病鱼鳃丝黏液增多，鳃片苍白色浮肿，鳃盖不能闭合，呼吸困难，游动缓慢，不吃食，鱼体瘦弱，直至死亡。

（2）**流行情况**　春末夏初和秋季为流行季节，饲养鱼都可感染，对鱼苗和鱼种危害很大。

（3）**防治方法**　每亩水面1米水深用硫酸铜350克、硫酸亚铁250克全池泼洒。

7. 九江头槽绦虫病

（1）**主要症状**　病鱼黑瘦，体表色素沉着，摄食减弱，口常张开，俗称"干口病"。严重时，病鱼前腹部膨胀，前肠扩张，可见白色虫体聚集。

（2）**流行情况**　主要在广东、广西地区流行，有明显的地区流行特点。主要危害草鱼鱼种，青鱼、团头鲂鱼种也可发生。低龄鱼易发生，成鱼极少发生。

（3）**防治方法**　定期用生石灰和漂白粉清塘。用90%晶体敌百虫50克和面粉0.5千克混合成药饵，按鱼的吃食量投喂，1天1次，连喂6天。

8. 鲫鱼孢子虫病

（1）**主要症状**　寄生部位不同症状不同。寄生鳃部，可见鳃部有粒状白色囊肿物；寄生喉部，可见喉部充血肿大，严重时口咽腔堵塞，饲料无法摄入；寄生体表，可见体表有白色囊状物，鳞片突出；寄生肝脏，可见腹腔内充满白色豆腐样物质，病鱼外观腹部膨大。

（2）**流行情况**　每年4月中下旬到10月底流行。主要在鲫鱼中流行，主要危害鲫鱼和鲤鱼，从鱼种到成鱼都有感染，死亡率高。

（3）**防治方法**　每亩用生石灰250～350千克清塘预防；治疗采用内服和外消相结合。外用，每亩90%晶体敌百虫0.6千克化水全池泼洒；内服，每吨饲料添加5%地克珠利5～8千克，做成药饵投喂。

（五）其他疾病

1. 青 泥 苔

（1）**主要症状和危害** 池塘内或水面出现绿色棉絮状物，称为青泥苔。青泥苔是池塘中丝状藻类大量繁殖导致的水华。鱼苗和早期鱼种容易被青泥苔缠住导致死亡；同时也可导致池水变瘦，影响鱼类生长。

（2）**防治方法** 每亩用硫酸铜450克全池泼洒或用草木灰覆盖青泥苔较多的地方，遮挡阳光让其减少繁殖生长或死亡。

2. 泛 池

（1）**主要症状和危害** 由于缺氧，鱼类头部在水面张口呼吸或死亡。因水质恶化、过肥，天气变化等原因导致池塘水体缺氧，使鱼头部聚集水面进行呼吸的现象，称为浮头；严重浮头导致鱼类大量死亡，称为泛池。

（2）**防治方法** 科学施用发酵有机肥、渔用复合肥和微生态制剂，培肥水质。安装增氧机及时开机增氧。

3. 气 泡 病

（1）**主要症状和危害** 鱼苗体表、鳍条内和肠道中有白色气泡，使鱼苗浮在水面不能下沉，或气泡在体内形成气栓，直接导致鱼苗死亡。一般发生在水质较肥的池塘。

（2）**防治方法** 池塘中不能施未发酵的肥料；防止水质过肥；经常换新水和注新水。发生气泡病后，可在池塘上方设置遮阳网遮光或全池泼洒食盐（每亩2～3

千克），有一定效果。

4. 跑马病

（1）**主要症状和危害**　鱼苗成群结队围绕鱼池边缘狂游，像跑马一样。主要原因是由于池中缺乏适口饵料，鱼苗下塘沿池边寻找饵料。由于过度消费体力，使鱼体消瘦，大批死亡。

（2）**防治方法**　鱼苗下塘前做好肥水工作，保证水中有足量的适口饵料生物；鱼苗放养密度不可过大；在池塘边设置障碍物阻断鱼苗的狂游路线，并沿池边投喂适量的豆浆、蛋黄等饲料。

5. 肝胆综合征

（1）**主要症状和危害**　体色发黑，活动减弱。肝脏肿大，颜色变黄、变白等，或者呈花肝状，并在肝部外表伴有血块凝结，胆囊明显肿大。多发生在投饲较多的池塘，7～9月份为发病高峰期，主要危害草鱼、鲤鱼、鳊鱼、鲫鱼等鱼类。病因复杂，包括饲料、水质和药物等因素：长期投喂营养不平衡的低质饲料或氧化、发霉和变质的饲料，对肝脏有严重的损害；水质恶化导致氨气、亚硝酸盐、硫化氢等严重超标，导致代谢障碍引起肝胆病；滥用药物或长期重复用药导致肝脏损害。

（2）**防治方法**　做好清塘和日常管理工作，防治水质恶化，科学投喂饲料，及时用药，对症治疗。采取饲料中适量添加氯化胆碱或三黄粉（大黄、黄柏、黄芩）或板蓝根或复合多维等内服。

6. 应激性出血病

（1）**主要症状和危害** 养殖鱼类受到如饱食后拉网捕捞、天气突变、长途运输、高温晴天中午用药刺激等应激因素，突然快速发生全身性体表和鳃出血而大批死亡。病鱼体表黏液减少，手感粗糙，肌肉水分增多，体表水肿。多发于高密度养殖池塘及投喂高蛋白和能量饲料为主的池塘，从鱼种到成鱼阶段都可发生，但成鱼发病率较高。发病高峰期为6～10月份。盛夏酷暑发病最为严重。

（2）**防治措施** 保证合理密度，科学放养，投喂营养均衡饲料。饲料中添加乳化剂、保肝利胆中草药等做成药饵使用。具体用药量或者添加量按药物说明书。

7. 湖靛

（1）**主要症状和危害** 池塘里蓝藻异常增殖，导致水面上浮现油漆样水花，俗称"湖靛"。在无风或者微风时，常在池塘下风口出现。高温季节易发生，大量增殖遮挡阳光，造成水中光合作用不足，凌晨容易造成池水缺氧。蓝藻大批死亡时会释放藻毒素引起鱼类死亡。高温季节，投饲较多，池塘残饲和粪便积累可促进蓝藻滋生。

（2）**防治措施** 可在池塘下风口用氯制剂杀灭部分蓝藻，重复使用后可用芽孢杆菌泼洒，分解抑制蓝藻的生长繁殖。

8. 亚硝酸盐中毒

（1）**主要症状和危害** 病鱼白天呈"浮头"状，捕捞后全身发红，血液呈黑褐色。主要发生在高密度精养鱼池，发病后鱼呈缺氧状态，可导致池鱼大量死亡，对鲢鱼、鳙鱼危害更大。养殖密度大的池塘，水质容易恶化缺氧，以及投喂高蛋白质饲料，残饲和粪便中含氮物质降解成氨氮，集聚底泥和池水中。

（2）**防治措施** 开动增氧机增氧曝气或注入新水或饲料中增添维生素C。全池泼洒快速解毒和改善水质的药物或添加剂，如维生素C、食盐、腐殖酸钠、沸石粉等。

第七章
综合养鱼

一、综合养鱼原理和特点

综合养鱼是我国池塘养鱼的特点之一，是以池塘养鱼为主，采用渔、牧、林等相结合的形式，对渔业与畜牧业、林业、农副产品加工业综合经营与利用，充分利用水陆资源，获得较好的经济效益、生态效益和社会效益的一种可持续性生态农业系统。

综合养鱼是生态学原理和水产养殖学原理的结合，是在"水、种、饵"物质基础上，采用"密、混、轮"方法，加强"防、管"措施，结合"整体、协调、再生、循环"的生态理念，建立综合种养结构和食物链结构，最大限度地实现整体结构合理、功能协调、资源再生、良性循环，达到优质、高产、高效、环保和可持续发展目的的综合模式。

二、综合养鱼模式

1. 鱼－渔综合经营模式

该模式是在池塘中饲养多种不同生活习性的及不同规格的鱼、虾、蟹、贝、鳖、蛙等水产动物，综合利用水体光热、溶氧、营养物质、饵料肥料等资源，实施"八字精养法"为核心的综合调控技术，促进和加速系统内能量流动和物质循环。主要有鱼－蟹、鱼－蚌、鱼－虾、鱼－鳖、鱼－螺、鱼－蛙等类型。

2. 渔－农综合经营模式

该模式充分利用水陆资源。包括养鱼和陆生作物（黑麦草、苏丹草、狼尾草等）结合；养鱼和水生作物（水葫芦、水花生等）结合；养鱼和种草结合；稻田种养（养鱼、养蟹、养蛙等）等类型。主要养殖鱼类有鲢、鳙、鲤、鲫、草鱼、团头鲂等。

稻田养鱼是渔－农综合经营模式中的典型模式，利用稻田浅水环境，辅以人工措施，既种稻又养鱼，达到鱼稻双收的效果。是充分利用稻田水体、土壤肥源和生物资源开展种稻养鱼、种养结合的方法。稻田养鱼的对象已扩展为以鱼为主的水生经济动物，形成了稻田养蟹、稻田养虾、稻田养鳖和稻田养蛙等多种类种养结合的形式。

稻田养鱼模式包括稻鱼共生、稻鱼轮作、稻田养名特优新水生动物（蛙、虾、蟹、鳖、蚌）等模式。由于不同地区气候、土壤、养殖模式、养殖种类、生产目的等的差异，有关稻田养殖技术和具体模式也有所不同，可自行参阅行业或地方稻田养鱼技术规范。

以下介绍稻田养鱼一般技术要点：

（1）加高加固田埂，田埂高出稻田平面30～60厘米。

（2）开挖鱼沟（主沟、围沟和垄沟）和鱼溜（集鱼坑），沟溜相通，保持一定水位，一般水深10～20厘米。

（3）建防逃设施，进出水口设拦鱼栅。

（4）选择抗倒伏、抗病害、产量高的水稻品种。

（5）宽行窄距栽插，垄稻沟鱼。

（6）选择饲养草食性、杂食性和滤食性鱼类为主。选择青鱼、草鱼、鲢鱼、鳙鱼、鲤鱼、鲫鱼、团头鲂和罗非鱼等其中3～6种鱼类。在投饵情况下，每亩放10厘米以上鱼种150～300尾，主养鱼类占60%～70%，配养鱼类占40%～30%，一般可产成鱼50～150千克。具体放养量可根据稻田情况、期望产量等进行调整。

（7）少量多次施发酵有机肥，"三看四定"适当投饵。

（8）适当遮阴防暑降温。

（9）选择高效、低毒、低残留农药，综合生态防治稻田病虫害。

（10）秋季稻谷成熟收割前及时排水捕捞收获。

3. 渔－牧综合经营模式

该模式利用畜禽粪肥培养水中饵料生物。主要包括渔－畜（猪、牛、羊等）、渔－禽（鸡、鸭、鹅等）、渔－畜－禽等综合经营模式。

4. 渔－农－牧综合经营模式

该模式主要包括渔－畜－禽－草－菜－粮和渔－桑－蔗－蚕等模式演化出的多元复合模式。

5. 基塘体系综合经营模式

该模式是珠江三角洲和太湖流域采用的模式。池埂（基）上种植桑树、甘蔗、果树和油菜等作物，称为桑基、蔗基、果基、菜基。以塘泥和蚕沙为肥料，以牧草、蔬菜、桑叶、甘蔗、水果和蚕蛹为饲料，将基与塘有机结合，形成良性生态体系。

6. 多层次综合经营模式

该模式是以渔为主，结合畜、禽、林、果、菜、菌等单元的生产模式，一水多用，立体开发，综合经营，实现水中鱼、空中果、水面禽、堤边林、坡上畜、屋里菇、土中蚓等立体生产模式。

参考文献

［1］黄权，王艳国. 淡水养殖技术［M］. 北京：中国农业出版社，2005.

［2］黄权，代昀弟，刘春力. 农户淡水养殖产销指南［M］. 北京：中国农业出版社，2006.

［3］李家乐. 池塘养鱼学［M］. 北京：中国农业出版社，2011.

［4］熊良伟，朱光来. 池塘养鱼［M］. 北京：中国农业大学出版社，2012.

［5］毛洪顺，赵子明. 池塘养鱼［M］. 北京：中国农业出版社，2014.

［6］毛洪顺. 淡水鱼养殖工［M］. 北京：中国农业出版社，2015.